W0266475

FIT FÜR DIE SCHULE

Das musst du wissen!

Mathematik 3. Klasse

von Andrea Essers
Illustrationen von Guido Wandrey
Coverillustration von Franziska Harvey

TESSLOFF

Vorwort

Liebe/r ________________________,

du möchtest alles wissen, was in der 3. Klasse in Mathematik wichtig ist?
Dann ist dieses Heft genau das Richtige für dich!

Du findest hier Aufgaben zu allen Lernbereichen:

- **Zahlen**
- **Grundrechenarten**
- **Rechnen mit Größen**
- **Sachaufgaben**
- **Geometrie**

Wiederhole noch einmal alle wichtigen Inhalte des Schuljahres und überprüfe, was du sicher kannst.

So arbeitest du mit diesem Heft:

→ Alle neuen Lerninhalte werden in den blauen **Lernkästen** erklärt und mit **Beispielen** verdeutlicht.

→ Mit den **Übungsaufgaben** kannst du im Anschluss prüfen, ob du alles verstanden hast.

→ Hast du alles richtig? Sieh einfach selbst in den **Lösungen** nach.

→ Für jede bearbeitete Seite kannst du im **Ausmalbild** auf der letzten Heftseite ein Feld ausmalen.

Jetzt weißt du alles, was du in der 3. Klasse in Mathematik wissen musst!

Viel Spaß und Erfolg!

Inhaltsverzeichnis

Zahlen darstellen: Stellenwerttafel

→ In unserem **Zahlensystem** kannst du immer 10 zu einer größeren Einheit bündeln.

10 Einer (E) → 1 Zehner (Z)
10 Zehner (Z) → 1 Hunderter (H)
10 Hunderter (H) → 1 Tausender (T)

Du kannst jede Zahl zerlegen und in eine **Stellenwerttafel** eintragen.

T	H	Z	E
0	7	4	2

0 T 7 H 4 Z 2 E = 700 + 40 + 2 = 742

1 Trage die Zahlen in die Stellenwerttafel ein.

658

T	H	Z	E

204

T	H	Z	E

1 000

T	H	Z	E

2 Zerlege in E, Z, H und T und schreibe als ganze Zahl auf.

T	H	Z	E
0	3	1	9

0 T 3 H 1 Z 9 E = 300 + 10 + 9 = 319

T	H	Z	E
0	6	3	0

___

T	H	Z	E
0	1	4	5

___

T	H	Z	E
0	7	0	2

___

Zahlen ordnen und vergleichen

➔ Jede Zahl hat einen **Vorgänger** und einen **Nachfolger**.

Vorgänger **264** ← 265 → **266** Nachfolger

Den **Nachbarzehner** oder **Nachbarhunderter** einer Zahl erhältst du, wenn du bis zum nächsten vollen Zehner oder Hunderter vor- oder zurückgehst.

Nachbarzehner **260** ← 265 → **270** Nachbarzehner
Nachbarhunderter **200** ← 265 → **300** Nachbarhunderter

Zahlen kannst du miteinander **vergleichen** und der Größe nach ordnen:

427 > 326 > 257   545 < 618 < 779

1 Ergänze die fehlenden Nachbarzahlen.

Vorgänger	*641*		190		
Zahl	642	771			800
Nachfolger	*643*			295	

2 Ergänze die Nachbarzehner (NZ) oder Nachbarhunderter (NH).

NZ			
Zahl	857	428	609
NZ			

NH			
Zahl	274	596	315
NH			

3 Setze <, > oder = ein.

der Nachfolger von 598 ◯ das Doppelte von 300

der Vorgänger von 202 ◯ die Hälfte von 400

der Nachfolger von 499 ◯ die Hälfte von 1 000

Zahlen darstellen: Zahlenstrahl

→ Du kannst Zahlen auf einem **Zahlenstrahl** anordnen.

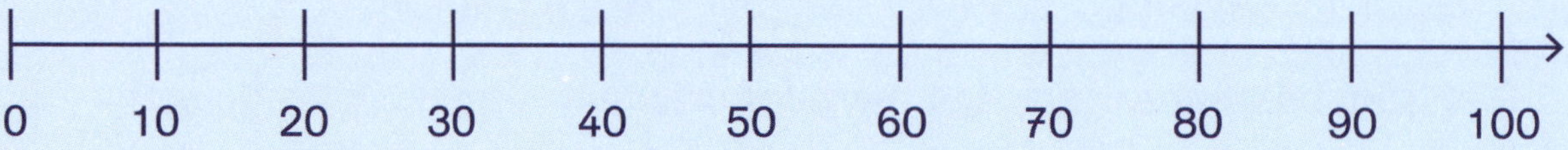

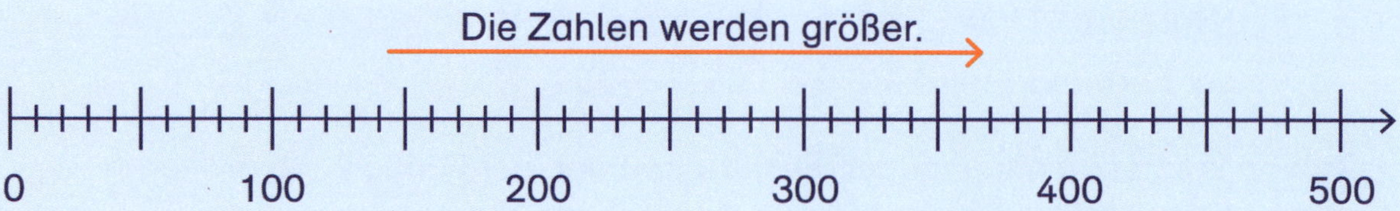

1 Welche Zahlen sind auf dem Zahlenstrahl markiert? Trage sie ein.

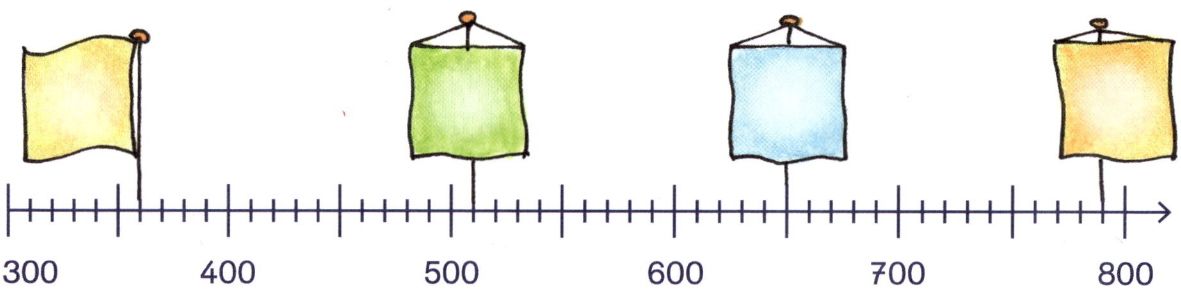

2 Verbinde die Zahlen mit ihrem Platz auf dem Zahlenstrahl.

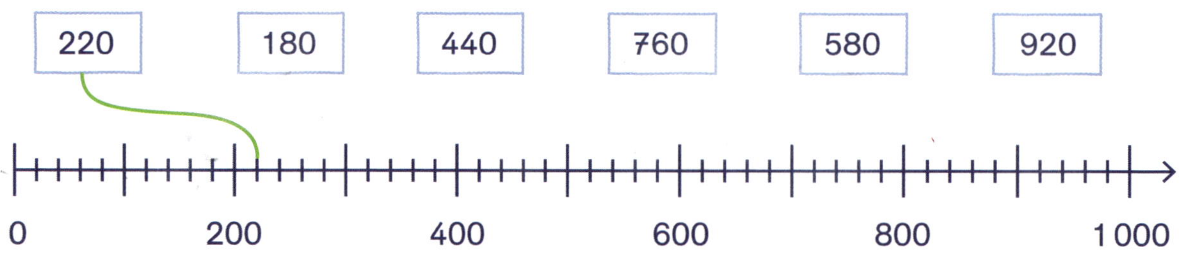

3 Zeichne einen Zahlenstrahl mit den Zahlen 550, 560, 570, 580, 590 und 600.

Zahlenfolgen bilden

→ Zahlen können nach einer bestimmten Regel aufeinanderfolgen.
Um eine **Zahlenfolge** richtig weiterzuführen, musst du die Regel kennen.

− 2 · 2 − 2 · 2 − 2

6 4 8 6 12 10

Regel: − 2, · 2

1 Führe die Zahlenfolge richtig weiter.

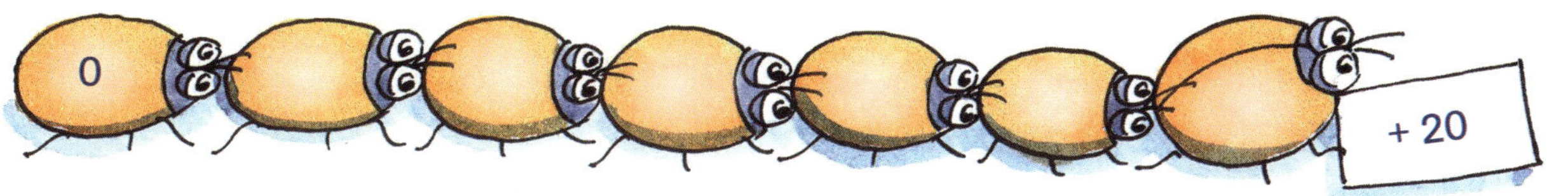

2 Finde die Regel heraus und führe die Zahlenfolge richtig weiter.

50 52 48 50 46 48 ____ ____ ____ ____

3 In dieser Zahlenfolge steckt ein Fehler. Finde die Regel und korrigiere den Fehler.

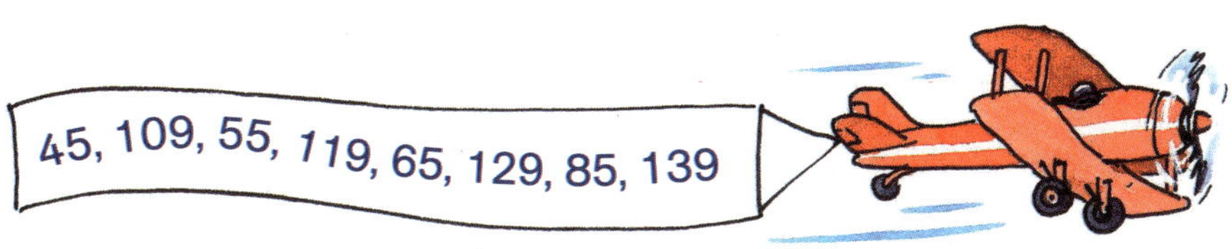

4 Ilka faltet ein Blatt Papier in der Mitte und erhält 2 Teile. Faltet sie es noch einmal, erhält sie 4 Teile. Beim dritten Falten sind es 8 Teile. Fülle die Tabelle fertig aus.

1-mal	2-mal	3-mal	4-mal	5-mal
2	4			

Zahlen runden

→ Zahlen kannst du **runden**. Rundest du auf den Hunderter, musst du auf die Zehnerstelle achten. Rundest du auf den Zehner, dann achte auf die Einerstelle.

0, 1, 2, 3, 4: Du rundest ab.

5, 6, 7, 8, 9: Du rundest auf.

236 gerundet:
auf den Zehner: ≈ **240**
auf den Hunderter: ≈ **200**

281 gerundet:
auf den Zehner: ≈ **280**
auf den Hunderter: ≈ **300**

≈ 100 Frösche spricht man „ungefähr 100 Frösche".

1 Runde die Zahlen.

genaue Zahl	381	555	69	242	834	108	299
auf den Zehner	*380*						
auf den Hunderter	*400*						

2 Wie viel ist das ungefähr? Kreuze die richtige Antwort an.

Jakob hat 432 Cent-Stücke gesammelt.

☐ ≈ 430 ☐ ≈ 440 ☐ ≈ 500

991 Kinder sind beim Waldlauf an den Start gegangen.

☐ ≈ 900 ☐ ≈ 980 ☐ ≈ 1 000

Das Dorf Kleckshofen hat 765 Einwohner.

☐ ≈ 750 ☐ ≈ 760 ☐ ≈ 770

3 Welche Zahlen können auf die Zahl 460 gerundet werden?

____

➔ Eine **Überschlagsrechnung** hilft dir beim Überprüfen eines Ergebnisses. Du rechnest dann mit gerundeten Zahlen. Auch wenn du schnell ein ungefähres Ergebnis brauchst, kannst du eine Rechnung überschlagen.

489 + 218 = 707

auf den Zehner gerundet: ≈ 490 + 220 = 710
auf den Hunderter gerundet: ≈ 500 + 200 = 700

1 Runde die Zahlen und überschlage die Aufgaben.

	auf den Zehner	auf den Hunderter
426 + 293 ≈	430 + 290 = 720	400 + 300 = 700
165 + 374 ≈		
682 + 106 ≈		
944 – 511 ≈		
747 – 125 ≈		
413 – 86 ≈		

2 Marlene hat im letzten Monat 3 Bücher gelesen. Das erste Buch hatte 226 Seiten, das zweite Buch 189 Seiten und das dritte sogar 364 Seiten. Wie viele Seiten hat sie ungefähr gelesen? Runde auf den Hunderter.

Rechnung:

Antwort: Marlene hat ungefähr ________ Seiten gelesen.

3 Welche Aufgabe wurde richtig gerechnet? Prüfe durch Überschlagen.

☐ 889 – 377 = 312 ☐ 543 + 389 = 732 ☐ 458 + 218 = 676

Halbschriftlich addieren

→ Große Zahlen kannst du **halbschriftlich addieren**.

1. Möglichkeit:
Du zerlegst die zweite Zahl und addierst Schritt für Schritt.

427	+	371	=	
427	+	300	=	727
727	+	70	=	797
797	+	1	=	798
427	+	371	=	798

2. Möglichkeit:
Du zerlegst beide Zahlen und addierst Schritt für Schritt.

427	+	371	=	
400	+	300	=	700
20	+	70	=	90
7	+	1	=	8
427	+	371	=	798

Bei beiden Rechenwegen kannst du auch zuerst die Einer, dann die Zehner und dann die Hunderter addieren.

1 Addiere halbschriftlich. Wähle einen Rechenweg.

392	+	248	=	
	+		=	
	+		=	
	+		=	
	+		=	

467	+	195	=	
	+		=	
	+		=	
	+		=	
	+		=	

159	+	686	=	
	+		=	
	+		=	
	+		=	
	+		=	

538	+	374	=	
	+		=	
	+		=	
	+		=	
	+		=	

432	+	381	=	
	+		=	
	+		=	
	+		=	
	+		=	

Halbschriftlich addieren

→ Beim **halbschriftlichen Addieren** kannst du Rechenvorteile nutzen.

563 + 390 =
563 + 400 = 963
963 − 10 = 953
563 + 390 = 953

257 + 98 =
257 + 100 = 357
357 − 2 = 355
257 + 98 = 355

1 Addiere halbschriftlich. Rechne vorteilhaft.

381 + 470 =

536 + 195 =

2 Luisa und Jan haben am Strand Muscheln für ihre Sandburg gesammelt. Jan hat 256 Muscheln in seinem Eimer, Luisa sogar 293. Wie viele haben sie zusammen? Rechne vorteilhaft.

Rechnung:

Antwort: ______________________________.

3 Löse das Rechenrätsel. Rechne vorteilhaft.

Addiere zum Nachfolger von 658 den Vorgänger von 200.

Diese Zahl heißt: __________.

Halbschriftlich subtrahieren

→ Das **Subtrahieren** mit großen Zahlen ist einfach, wenn du **halbschriftlich** rechnest. Du zerlegst die Zahl, die du abziehen willst, und rechnest Schritt für Schritt.

5	6	3	−	2	5	8	=			
5	6	3	−	2	0	0	=	3	6	3
3	6	3	−		5	0	=	3	1	3
3	1	3	−			8	=	3	0	5
5	6	3	−	2	5	8	=	3	0	5

Du kannst auch zuerst die Einer, dann die Zehner und zuletzt die Hunderter subtrahieren.

1 Subtrahiere halbschriftlich.

8	9	5	−	1	3	8	=			
			−				=			
			−				=			
			−				=			
			−				=			

5	2	6	−	4	9	4	=			
			−				=			
			−				=			
			−				=			
			−				=			

7	1	4	−	3	7	9	=			
			−				=			
			−				=			
			−				=			
			−				=			

4	8	2	−	2	9	3	=			
			−				=			
			−				=			
			−				=			
			−				=			

4	3	4	−	3	4	3	=			
			−				=			
			−				=			
			−				=			
			−				=			

Halbschriftlich subtrahieren

➔ Auch beim **halbschriftlichen Subtrahieren** kannst du Rechenvorteile nutzen.

958 − 680 =	842 − 196 =
958 − 700 = 258	842 − 200 = 642
258 + 20 = 278	642 + 4 = 646
958 − 680 = 278	842 − 196 = 646

1 Subtrahiere halbschriftlich. Rechne vorteilhaft.

989 − 597 =

732 − 470 =

2 Von 673 Kindern sind 394 Jungen. Wie viele sind Mädchen? Rechne vorteilhaft.

Rechnung:

Antwort:

_____ Kinder sind Mädchen.

3 Ergänze die Rechenpyramide. Rechne einfache Aufgaben im Kopf.

Schriftlich addieren ohne Übertrag

→ Beim **schriftlichen Addieren** kannst du zwei oder mehrere Zahlen zusammenzählen. Achte beim Aufschreiben darauf, dass alle Zahlen stellengerecht untereinander stehen. Dann addierst du **von rechts nach links** jede Stelle einzeln und nacheinander.

	H	Z	E
	2	4	8
+	6	3	1
	8	7	9

8 E + 1 E = 9 E, schreibe 9
4 Z + 3 Z = 7 Z, schreibe 7
2 H + 6 H = 8 H, schreibe 8

	H	Z	E
	1	2	3
	2	3	4
+	6	0	1
	9	5	8

Mehrere Zahlen addierst du genauso.

1 Addiere schriftlich.

	3	1	7		8	4	6		4	0	4		3	8	3		3	2	0		2	2	2
+	2	7	1	+	1	5	3	+	2	6	5	+	1	0	4	+	4	3	8	+	6	4	1

2 Ergänze die fehlenden Ziffern.

	□	3	8		□	□	5		1	□	9		6	7	1		□	□	□		4	0	1
+	2	□	1	+	3	2	□	+	7	9	□	+	1	□	4	+	2	3	5	+	□	□	6
	5	4	□		8	7	6		□	9	9		□	8	□		6	3	5		5	2	□

Schriftlich addieren ohne Übertrag

3 Schreibe die Zahlen stellengerecht untereinander. Addiere sie schriftlich.

276 + 123

461 + 205

314 + 273

107 + 640

525 + 333

4 Schreibe die Zahlen stellengerecht untereinander und rechne schriftlich.

223 + 144 + 512

	2	2	3
	1	4	4
+	5	1	2

312 + 33 + 400

521 + 205 + 71

5 Zu einem großen Schwimmwettbewerb sind 213 Kinder aus Österreich, 241 Kinder aus Deutschland und 224 Kinder aus der Schweiz angereist. Wie viele Kinder sind insgesamt da? Rechne schriftlich.

Rechnung:

Antwort: Insgesamt sind ________ Kinder da.

Schriftlich addieren mit Übertrag

➔ Wenn beim **schriftlichen Addieren** das Ergebnis in einer Spalte größer als 9 ist, rechnest du mit **Übertrag**. Mit dem Übertrag wechselst du von einer Stelle auf die nächsthöhere: 10 Einer werden zu 1 Zehner, 10 Zehner zu 1 Hunderter. Du schreibst den Übertrag unter die nächsthöhere Stelle und addierst ihn dort hinzu.

	H	Z	E
	4	9	8
+	3	4	7
	1	1	
	8	4	5
	↑	↑	↑

→ 8 E + 7 E = 15 E, 15 E werden zu 1 Z und 5 E, schreibe 5, Übertrag 1

→ 9 Z + 4 Z + 1 Z = 14 Z, 14 Z werden zu 1 H und 4 Z, schreibe 4, Übertrag 1

→ 4 H + 3 H + 1 H = 8 H, schreibe 8

1 Addiere schriftlich.

	3	5	7		4	8	9		4	0	7		2	9	3		1	9	0		1	8	8
+	2	7	1	+		5	3	+	3	6	4	+	2	5	7	+	1	3	6	+	6	4	7

2 Wer hat richtig gerechnet? Prüfe die Aufgaben und kreuze an.

Ole

	4	5	6
+	2	9	4
	1		
	7	4	0

☐

Mia

	3	7	8
+	5	4	1
	1		
	9	1	9

☐

Kurt

	4	3	9
+	3	9	5
	1	1	
	9	3	4

☐

3 Überschlage im Kopf auf den Hunderter genau. Addiere dann schriftlich.

273 + 191 + 482

Ü: ____________

348 + 235 + 99

Ü: ____________

361 + 78 + 433

Ü: ____________

4 Ergänze die fehlenden Ziffern. Notiere auch den Übertrag.

247 + □□□ (Übertrag: 1 1) = 400

628 + □□ = 700

□□□ + 395 = 600

354 + 446 = □□□

□□□ + 183 = 400

456 + □□□ = 1000

5 Anne und Lasse haben gewürfelt. Wer hat am Ende die meisten Punkte erreicht?

	1. Runde	2. Runde	3. Runde	Punkte gesamt
Anne	224 Punkte	297 Punkte	199 Punkte	
Lasse	276 Punkte	248 Punkte	198 Punkte	

Rechnung:

Antwort: Die meisten Punkte hat ____________ erreicht.

Schriftlich subtrahieren ohne Übertrag

➔ Beim **schriftlichen Subtrahieren** gibt es zwei mögliche Rechenwege:

1. Möglichkeit:
Beim **Abziehverfahren** ziehst du von der oberen Zahl die untere ab und rechnest von rechts nach links.

	H	Z	E
	6	5	8
−	2	4	7
	4	1	1

8 E − 7 E = 1 E, schreibe 1
5 Z − 4 Z = 1 Z, schreibe 1
6 H − 2 H = 4 H, schreibe 4

2. Möglichkeit:
Beim **Ergänzungsverfahren** ergänzt du von der unteren zur oberen Zahl und rechnest von rechts nach links.

	H	Z	E
	6	5	8
−	2	4	7
	4	1	1

7 E + 1 E = 8 E, schreibe 1
4 Z + 1 Z = 5 Z, schreibe 1
2 H + 4 H = 6 H, schreibe 4

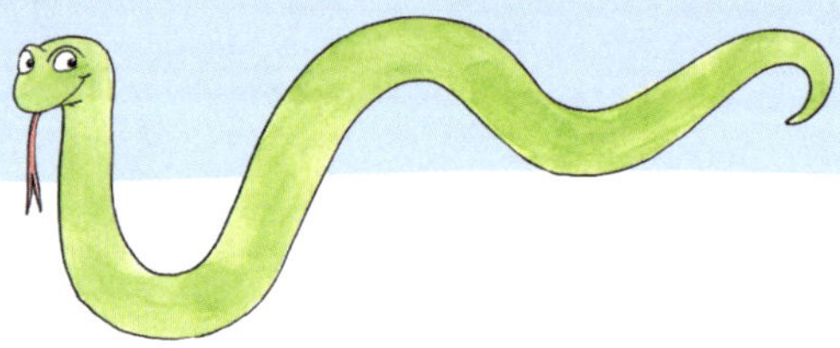

1 Subtrahiere schriftlich.

875	968	526	731
− 432	− 857	− 124	− 221
428	999	238	697
− 402	− 666	− 125	− 435
817	589	767	835
− 513	− 67	− 331	− 103

2 Ergänze die fehlenden Zahlen.

	8	7	5
−		3	
	4		3

		6	3
−	7		
	2	1	0

			9
−	3	0	8
	3	1	

	5	9	
−	4		4
		4	3

		4	5
−	3		4
		2	

		7	
−	2		7
	5	3	0

3 Immer zwei gleichfarbige Teppiche bilden eine Subtraktionsaufgabe. Rechne aus.

4 >, < oder =? Rechne schriftlich und setze dann das passende Zeichen ein.

679 − 441 ◯ 599 − 383

857 − 314 ◯ 796 − 285

Schriftlich subtrahieren mit Übertrag

→ Manchmal ist beim **schriftlichen Subtrahieren** in einer Spalte die untere Ziffer größer als die obere. Dann addierst du 10 zu der oberen Ziffer hinzu und schreibst einen **Übertrag**.

1. Möglichkeit:
Beim **Abziehverfahren** ziehst du den Übertrag von der oberen Ziffer ab.

	H	Z	E
		6	12
	8	~~7~~	2
–	4	6	8
	4	0	4

2 E – 8 E geht nicht,
wechsle 1 Z in 10 E:
streiche 7 Z, notiere 6 Z,
schreibe 12 E
12 E – 8 E = 4 E
schreibe 4

6 Z – 6 Z = 0 Z
schreibe 0

8 H – 4 H = 4 H
schreibe 4

2. Möglichkeit:
Beim **Ergänzungsverfahren** addierst du den Übertrag zu der unteren Ziffer hinzu.

	H	Z	E
	8	7	2
–	4	6	8
		1	
	4	0	4

8 E + ? = 2 E geht nicht,
wechsle 1 Z in 10 E:
8 E + 4 E = 12 E
schreibe 4, Übertrag 1

6 Z + 1 Z + 0 Z = 7 Z
schreibe 0

4 H + 4 H = 8 H
schreibe 4

1 Subtrahiere schriftlich. Achte dabei auf den Übertrag.

438 – 276

508 – 382

769 – 490

626 – 262

Schriftlich subtrahieren mit Übertrag

2 Überschlage auf den Zehner genau. Subtrahiere dann schriftlich.

673 – 238

Ü: ____________

548 – 399

Ü: ____________

873 – 546

Ü: ____________

3 Ergänze die fehlenden Zahlen. Rechne schriftlich.

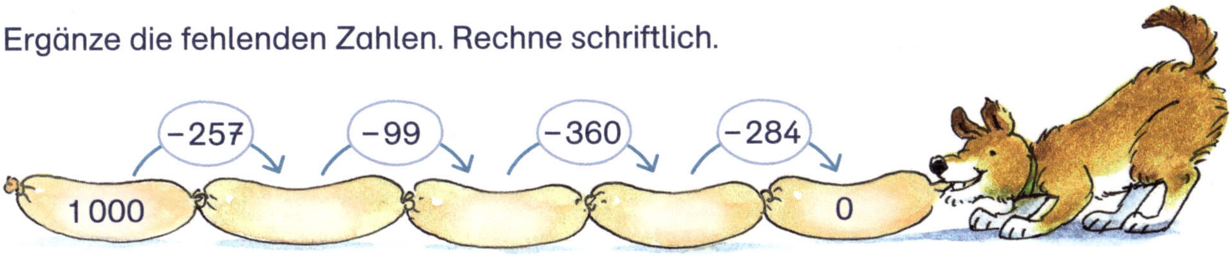

4 Löse das Rechenrätsel.

Achtung! Wer von 838 den Nachfolger der Zahl 587 subtrahiert und das Ergebnis halbiert, hat die gesuchte Zahl gefunden!

Gesuchte Zahl: ______

Multiplizieren und dividieren bis 100

1

Verbinde jede Aufgabe mit dem richtigen Ergebnis.

7 · 3 = 20 3 · 3 = 21 72

56 42 5 · 4 = 6 · 7 = 9

5 · 6 = 30 7 · 8 = 9 · 8 =

2

Rechne die Aufgaben im Kopf. Bei manchen bleibt ein Rest.

62 : 8 = 7 R 6	34 : 5 = ______	64 : 7 = ______
57 : 3 = ______	57 : 4 = ______	18 : 6 = ______
56 : 7 = ______	56 : 6 = ______	64 : 8 = ______
89 : 9 = ______	63 : 9 = ______	100 : 10 = ______

3

Das Kinderorchester hat einen Auftritt in der Nachbarstadt. Nun werden Eltern gesucht, die die 46 Kinder mit dem Auto dorthin bringen können. Wie viele Autos werden benötigt, wenn in jedem 3 Kinder mitfahren?

Rechnung:

Antwort: Es werden ______ Autos benötigt.

Multiplizieren mit Zehner- und Hunderterzahlen

→ Beim **Multiplizieren** mit **Zehner- und Hunderterzahlen** kannst du auf verschiedene Weise vorgehen.

4 · 20 = ?   4 · 200 = ?

1. Möglichkeit:
Du rechnest zuerst die **leichte Aufgabe**.

4 · 2 = 8
4 · 20 = 80
4 · 200 = 800

2. Möglichkeit:
Du **zerlegst** den Zehner oder den Hunderter.

4 · 2 Z = 8 Z = 80
oder
4 · 2 · 10 = 8 · 10 = 80

4 · 2 H = 8 H = 800
oder
4 · 2 · 100 = 8 · 100 = 800

1 Finde die Lösung, indem du zuerst die leichte Aufgabe rechnest.

6 · 50 = ______   4 · 80 = ______   5 · 20 = ______

6 · __5__ = __30__   4 · ______ = ______   5 · ______ = ______

2 Löse die Aufgaben, indem du die Zehner und Hunderter zerlegst.

3 · 60 = ______   5 · 200 = ______

3 · 6 Z = __18 Z__ = ______   5 · 2 H = ______ = ______

3 Ergänze die fehlenden Zahlen.

Halbschriftlich multiplizieren

→ Große Zahlen kannst du **halbschriftlich multiplizieren**. Dazu zerlegst du zuerst die größere Zahl und multiplizierst die Teilzahlen. Dann addierst du die Teilergebnisse.

3 6	·	4	=			
3 0	·	4	=	1	2	0
6	·	4	=		2	4
3 6	·	4	=	1	4	4

2 1 4	·	3	=			
2 0 0	·	3	=	6	0	0
1 0	·	3	=		3	0
4	·	3	=		1	2
2 1 4	·	3	=	6	4	2

Du kannst auch einen kürzeren Rechenweg wählen:

36 · 4 = 120 + 24 = 144

214 · 3 = 600 + 30 + 12 = 642

1 Multipliziere halbschriftlich. Rechne ausführlich.

48 · 7 =

34 · 9 =

196 · 5 =

2 Löse das Rechenrätsel.

3 Multipliziere halbschriftlich. Wähle den verkürzten Rechenweg.

54 · 3 = 150 + 12 = ______

35 · 7 = ______

99 · 4 = ______

27 · 8 = ______

74 · 5 = ______

62 · 8 = ______

46 · 9 = ______

105 · 2 = ______

4 **>**, **<** oder **=**? Rechne und setze dann das passende Zeichen ein.

48 · 3 ◯ 89 + 48

465 − 100 ◯ 46 · 8

5 Frau Kolle arbeitet in einem kleinen Zeitungsladen. Morgens räumt sie die Tageszeitungen in die 16 Fächer des Zeitungsständers. In ein Fach passen 8 Zeitungen. Als alle Fächer voll sind, legt sie noch 6 Zeitungen an die Kasse. Wie viele Zeitungen hat sie im Laden verteilt?

Rechnung:

Antwort: ______.

Dividieren mit Zehner- und Hunderterzahlen

→ Beim **Dividieren** mit **Zehner- und Hunderterzahlen** kannst du so vorgehen:

80 : 4 = ?   800 : 4 = ?

Du streichst die Nullen bei der ersten Zahl und rechnest die einfache Aufgabe. Beim Ergebnis fügst du die Nullen wieder hinzu:

8 : 4 = 2

80 : 4 = 20

800 : 4 = 200

250 : 50 = ?

Wenn beide Zahlen eine Null am Ende haben, streichst du sie bei beiden Zahlen und rechnest die einfache Aufgabe:

25 : 5 = 5, also auch 250 : 50 = 5

Du kannst auch die zweite Zahl zerlegen:

250 : 10 : 5 = 5, also 250 : 50 = 5

1 Rechne die Aufgaben.

60 : 6 = ______
90 : 3 = ______
100 : 10 = ______
600 : 60 = ______
900 : 30 = ______
1 000 : 100 = ______

2 Rechne die Aufgaben.

420 : 7 = ______
810 : 9 = ______
240 : 30 = ______
720 : 80 = ______
360 : 4 = ______
640 : 8 = ______
50 : 5 = ______
360 : 60 = ______
450 : 90 = ______

3 Ergänze die fehlenden Zahlen.

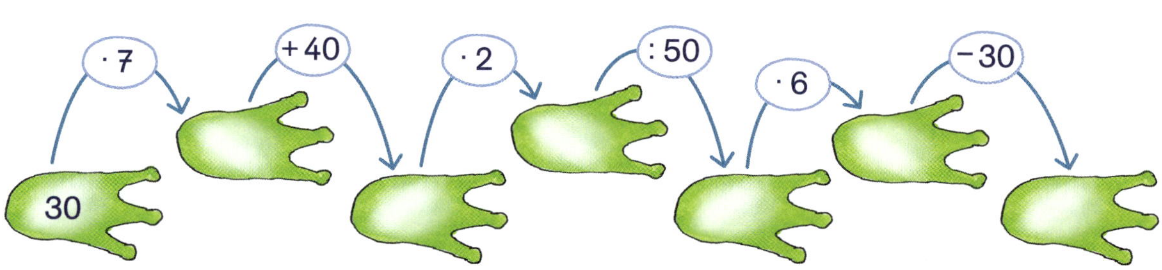

Halbschriftlich dividieren ohne Rest

➔ Große Zahlen kannst du **halbschriftlich dividieren**. Du zerlegst die erste Zahl in zwei oder mehr Teilzahlen, die sich leicht dividieren lassen. Dann rechnest du Schritt für Schritt. Zum Schluss addierst du die Teilergebnisse.

532	:	4	=	
400	:	4	=	100
120	:	4	=	30
12	:	4	=	3
532	:	4	=	133

Umkehraufgabe als Probe:

133	·	4	=	
100	·	4	=	400
30	·	4	=	120
3	·	4	=	12
133	·	4	=	532

1 Dividiere halbschriftlich.

84 : 6 =

68 : 4 =

75 : 3 =

639 : 3 =

294 : 7 =

2 Überschlage im Kopf und finde die passende Umkehraufgabe.

232 : 8 =

24 · 8 =

74 · 6 =

29 · 8 =

192 : 8 =

384 : 6 =

444 : 6 =

64 · 6 =

Halbschriftlich dividieren mit Rest

→ Auch bei **Divisionsaufgaben mit Rest** kannst du halbschriftlich rechnen. Du zerlegst die erste Zahl in Teilzahlen und schreibst den **Rest** (**R**) auf.

321 : 6 =
300 : 6 = 50
21 : 6 = 3 R 3
321 : 6 = 53 R 3

Probe:
53 · 6 = 318
318 + 3 = 321

1 Dividiere halbschriftlich.

99 : 8 =

67 : 5 =

157 : 3 =

437 : 6 =

2 Stimmen die Ergebnisse? Rechne die Probe und streiche falsche Ergebnisse durch.

387 : 6 = 64 R 3

643 : 7 = 92 R 6

3 Rechne die Aufgaben. Es kann ein Rest bleiben.

231 : 7 = ________   175 : 3 = ________   ______ : 6 = 94 R 3

4 Ein Restaurant bekommt 108 Getränkekisten geliefert. Der Fahrer lädt die Kisten ab und bringt sie hinein. Er packt immer 8 Kisten auf eine Karre. Wie oft muss er insgesamt mit der Karre fahren?

Rechnung:

Antwort: Er muss ______ -mal fahren.

5 Löse das Rechenrätsel.

Nimm die Zahl 8, multipliziere sie mit 6, addiere 59 hinzu, ziehe 3 ab und teile das Ganze wieder durch 8. Wie lautet meine geheime Zahl?

Geheime Zahl: ☐

Mit Zeiteinheiten umgehen

→ **Zeitangaben** können in verschiedenen **Einheiten** stehen:
Jahr, Monat, Woche, Tag, Stunde (h), Minute (min) und Sekunde (s).

1 Jahr = 12 Monate
1 Jahr = 365 oder 366 Tage
1 Monat = 28, 29, 30 oder 31 Tage
1 Woche = 7 Tage

1 Tag = 24 Stunden
1 Stunde = 60 Minuten
1 Minute = 60 Sekunden

1 Was dauert wie lange? Ordne die passende Zeitangabe zu.

15 Minuten	3 Monate	5 Tage	90 Minuten
30 Tage	1 Sekunde	24 Stunden	20 Sekunden

ein Augenaufschlag: ____________________

der 24. Dezember: ____________________

eine Schulwoche: ____________________

der Monat Juni: ____________________

Händewaschen: ____________________

der Sommer: ____________________

ein Fußballspiel: ____________________

eine viertel Stunde: ____________________

2 Schreibe das genaue Datum auf.

Kati guckt auf den Kalender: Heute ist Dienstag, der 23. Mai.

Vor genau einer Woche hatte sie Geburtstag. Das war am ____________________. Letzten Sonntag fand ihre Geburtstagsparty statt. Das war am ____________________.

Ihr Vater hat in 10 Tagen Namenstag. Das ist am ____________________. Katis Freundin kommt am Freitag zu Besuch. Das ist am ____________________.

Zeitangaben umwandeln und vergleichen

1 Wandle in die vorgegebene Einheit um.

6 min = ______ s	346 s = ______ min ______ s	215 min = ______ h ______ min
$\frac{1}{2}$ min = ______ s	138 s = ______ min ______ s	412 min = ______ h ______ min
15 min = ______ s	254 s = ______ min ______ s	144 min = ______ h ______ min

2 **>**, **<** oder **=**? Setze das passende Zeichen ein.

186 s ◯ 3 min	7 h 15 min ◯ 380 min	3 Tage 3 h ◯ 75 h
59 h ◯ $2\frac{1}{2}$ Tage	5 min ◯ 200 s	44 Monate ◯ $3\frac{1}{2}$ Jahre
135 min ◯ 2 h 10 min	49 Tage ◯ 7 Wochen	89 s ◯ 1 min 30 s

3 Marika hat ein Zahlenrätsel in 73 s gelöst, Finn hat dafür 1 min 28 s gebraucht. Fabian hat das Ergebnis nach 1 min 14 s gefunden. Anne war 9 s schneller als Finn. Wer war am schnellsten, wer am langsamsten?

Marika: ______ s Finn: ______ s Fabian: ______ s Anne: ______ s

Antwort: Am schnellsten war ______________ . Am langsamsten war ______________ .

4 Verbinde die Raumschiffe nach der Größe der Angaben. Beginne mit der kleinsten. Wie heißt das Lösungswort?

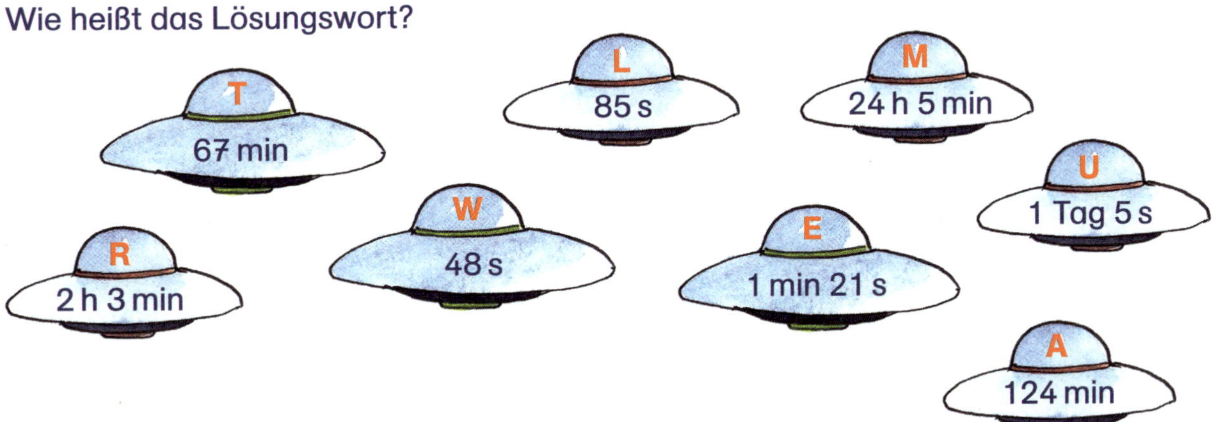

Lösungswort: ____ ____ ____ ____ ____ ____ ____ ____

Zeitpunkt und Zeitspanne ermitteln

Der **Zeitpunkt** sagt dir, **wann** etwas passiert.
Die **Zeitspanne** oder die **Zeitdauer** gibt an, **wie lange** etwas dauert.

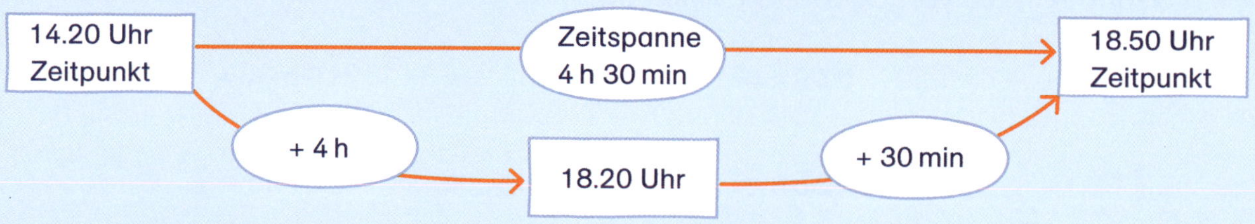

Du kannst Zeitpunkt und Zeitspanne auch verkürzt aufschreiben:

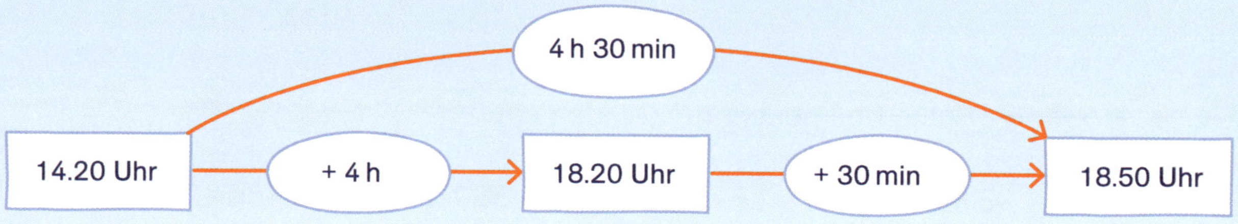

1 Ergänze die fehlenden Angaben.

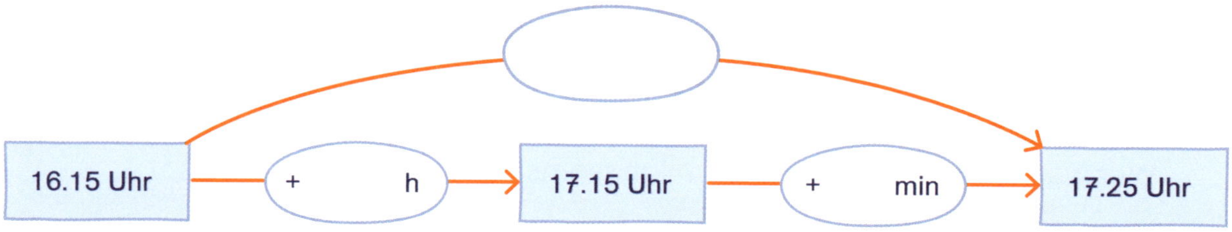

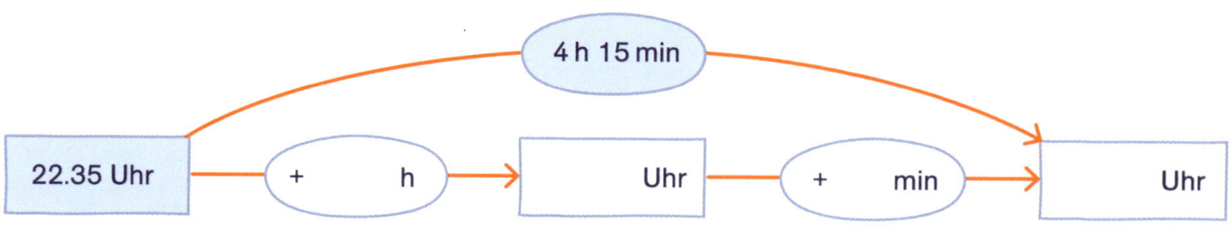

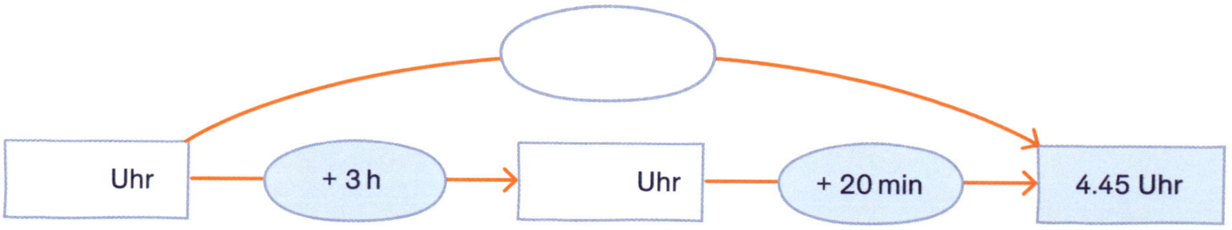

2 Ergänze die Angaben zu den Flugzeiten.

Strecke	München – Paris	Hamburg – Athen	Frankfurt – Zürich	Hamburg – Rom	Frankfurt – Lissabon
Start	15.25 Uhr	8.45 Uhr	19.40 Uhr		19.35 Uhr
Landung	16.50 Uhr			7.40 Uhr	22.20 Uhr
Dauer		5 h 10 min	50 min	3 h 30 min	

3 Frau Schnell muss um 14.30 Uhr am Frankfurter Hauptbahnhof sein. Alle S-Bahnen brauchen bis dorthin 28 Minuten. Welche muss sie spätestens nehmen?

Rechnung:

Abfahrt	S-Bahn
13.21 Uhr	S 2
13.35 Uhr	S 5
13.48 Uhr	S 3
14.06 Uhr	S 6

Antwort: Sie muss spätestens die S ______ nehmen.

4 Paul steht um 6.54 Uhr auf. 38 Minuten später verlässt er das Haus. Bis zur Haltestelle braucht er 8 Minuten. Wie lange muss er hier noch auf den Bus warten, wenn dieser pünktlich um 7.45 Uhr kommt?

Rechnung:

Antwort: ______________________________.

Mit Geldbeträgen umgehen

→ Für **Geldbeträge** gibt es verschiedene Schreibweisen:

8 € 43 ct = 843 ct = 8,43 €

100 ct = 1 €

1 Schreibe die Beträge als Kommazahl.

					Kommazahl
4	2	6	3	5	€
8	–	–	9	5	€
–	7	–	3	2	€
3	–	–	9	4	€

2 Was kostet wie viel? Verbinde die Preise mit den passenden Gegenständen.

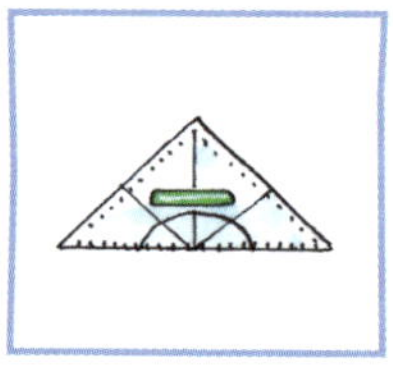

29,99 €

0,80 €

1,49 €

499,00 €

9,90 €

Geldbeträge umwandeln und vergleichen

1 Schreibe die Beträge in Kommaschreibweise auf.

423 € 60 ct = ________ € 755 ct = ______ € 60 € 8 ct = ________ €

74 € 4 ct = ________ € 805 ct = ______ € 37 ct = ________ €

50 € 50 ct = ________ € 540 ct = ______ € 1 000 ct = ________ €

2 Wandle die Eurobeträge um.

7,67 € = ____ € ____ ct = ______ ct 8,00 € = ____ € ____ ct = ______ ct

5,60 € = ____ € ____ ct = ______ ct 4,05 € = ____ € ____ ct = ______ ct

9,99 € = ____ € ____ ct = ______ ct 10,01 € = ____ € ____ ct = ______ ct

3 Ist genug Geld im Geldbeutel, um den Preis zu bezahlen? Kreuze an.

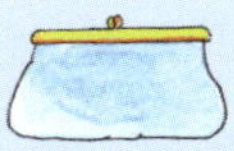	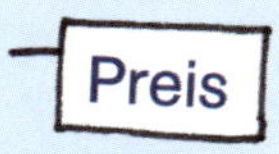 Preis		
4 € 37 ct	4,73 €		X
888 ct	8,80 €		
448 ct	44,40 €		
56 € 7 ct	56,70 €		
105 ct	10 € 5 ct		

4 Verbinde die Geldbeträge der Größe nach. Beginne mit dem kleinsten.

210 ct 212 ct 12 € 12 ct

2 € 1 ct 20,01 € 20 € 10 ct

Mit Geldbeträgen rechnen

→ Vor dem **Rechnen mit Geldbeträgen** musst du alle Werte in die gleiche Einheit **umwandeln**. Du kannst mit Centbeträgen oder mit Kommazahlen rechnen. Beim schriftlichen **Addieren** und **Subtrahieren** stehen die Kommas genau untereinander.

	2	4,	1	6	€
+	1	3,	2	3	€
	3	7,	3	9	€

	2	8,	5	8	€
−	1	5,	2	4	€
	1	3,	3	4	€

Beim **halbschriftlichen Multiplizieren** rechnest du die Euro- und die Centbeträge einzeln. Beim **halbschriftlichen Dividieren** wandelst du am besten in Cent um.

8,	1	0	€	·	4	=						
8	€			·	4	=	3	2	€			
1	0	ct		·	4	=	4	0	ct			
3	2	€	+	4	0	ct	=	3	2,	4	0	€

3,	9	0	€	:	3	=											
3	9	0	ct	:	3	=											
3	0	0	ct	:	3	=	1	0	0	ct							
	9	0	ct	:	3	=		3	0	ct							
1	0	0	ct	+	3	0	ct	=	1	3	0	ct	=	1,	3	0	€

1 Rechne schriftlich mit Kommazahlen.

48,57 € + 324 ct

289 ct + 175,42 €

132,45 € + 645,19 €

89,58 € − 36,52 €

475,63 € − 219,09 €

456,28 € − 456 ct

2 Rechne halbschriftlich.

15,10 € · 8

567 ct : 9

3 Jona und Kai wollen neues Baumaterial für ihr Baumhaus kaufen. Jona hat 24,16 € gespart. Kai hat 19,37 €. Jonas Opa gibt den Jungen noch 30 € dazu. Wie viel Geld haben die beiden jetzt?

Rechnung:

Antwort: ____ .

Die Jungen kaufen für 64,89 € Baumaterial.
Wie viel Geld bleibt übrig?

Rechnung:

Antwort: ____ .

Mit Längenangaben umgehen

→ **Längen** kommen in verschiedenen **Maßeinheiten** vor: in Kilometer (km), Meter (m), Zentimeter (cm) oder Millimeter (mm).

1 km = 1 000 m   1 m = 100 cm   1 cm = 10 mm

Längenangaben kannst du in **Kommaschreibweise** angeben:

6 m 28 cm = 6,28 m   4 cm 7 mm = 4,7 cm

1 Welche Länge oder Höhe passt? Schätze und kreuze an.

ein Schulranzen:	☐ etwa 40 mm	☐ etwa 40 cm	☐ etwa 4 m
ein Marienkäfer:	☐ etwa 16 cm	☐ etwa 6 mm	☐ etwa 60 mm
eine Sonnenblume:	☐ bis zu 300 cm	☐ bis zu 300 m	☐ bis zu 300 mm
eine alte Eiche:	☐ 30 bis 50 m	☐ 30 bis 50 cm	☐ 3 bis 5 km

2 Miss die Striche mit deinem Lineal und schreibe die Länge auf.

3 Zeichne die Längen mit deinem Lineal.

5 cm:

4 cm 6 mm:

28 mm:

9,1 cm:

Längenangaben umwandeln und vergleichen

1 Schreibe in Kommaschreibweise.

9 m 50 cm = ________ m   25 cm 5 mm = ________ cm   8 m 24 cm = ________ m

9 cm 6 mm = ________ cm   80 cm 3 mm = ________ cm   7 m 4 cm = ________ m

2 Wandle in die vorgegebene Einheit um.

m	cm
4,65 m	
2,03 m	
	698 cm
	888 cm
	46 cm
8 m	

cm	mm
4,1 cm	
	99 mm
	788 mm
11,7 cm	
	205 mm
	7 mm

3 **>**, **<** oder **=**? Setze das passende Zeichen ein.

489 m ◯ 3,5 km   5,5 km ◯ 550 m   1 000 cm ◯ 10 m

2,34 m ◯ 234 cm   808 mm ◯ 80 cm   54 cm ◯ 5,4 m

9,9 m ◯ 99 cm   44,5 cm ◯ 454 mm   7,8 m ◯ 780 mm

4 Ordne die Längenangaben der Größe nach.

80,2 m   820 mm   802 cm   8,2 cm   28 mm

________ < ________ < ________ < ________ < ________

Mit Längenangaben rechnen

→ Beim **Rechnen mit Längenangaben** musst du zuerst alle Angaben in die gleiche Einheit **umwandeln**.

5,64 m + 125 cm = ?

1. Möglichkeit:
Du kannst in die kleinere Einheit umwandeln:

		5	6	4	c	m	
	+	1	2	5	c	m	
		6	8	9	c	m	

2. Möglichkeit:
Du kannst in die größere Einheit umwandeln und mit Komma rechnen:

		5,	6	4	m	
	+	1,	2	5	m	
		6,	8	9	m	

1

Ergänze die fehlenden Zahlen.

27 cm + ______ cm = 1 m

56 cm + ______ cm = 1 m

18 cm + ______ cm = 0,5 m

437 m + ______ m = 1 km

289 m + ______ m = 1 km

46 cm + ______ cm = 0,5 m

2

Wandle in Kommaschreibweise um und rechne schriftlich.

16,25 m + 4 m 16 cm

458 m + 16,20 m

75,62 m – 4 m 18 cm

89,06 m – 29 m 32 cm

3 Rechne halbschriftlich.

91 cm · 3

920 cm : 4

4 Suse, Emma, Maja und Luise wollen aus einem 9 m langen Seil Springseile machen. Jede soll ein gleichlanges Stück erhalten. Wie viele Meter sind die Stücke lang?

Rechnung:

Antwort: ______________________________.

5 Milan und Justus haben aufgeschrieben, wie weit sie am Wochenende Rad gefahren sind. Wer ist weiter gefahren?

	Justus	Milan
Freitag	4,3 km	3,2 km
Samstag	14,9 km	8,3 km
Sonntag	6,2 km	13,5 km

Rechnung:

Antwort: ______________________________.

Mit Gewichtsangaben umgehen

→ **Gewichte** kannst du in verschiedenen **Maßeinheiten** angeben:
in Tonnen (t), Kilogramm (kg) oder Gramm (g).

1 t = 1 000 kg   1 kg = 1 000 g

Mit **Gewichtssätzen** kannst du ein Gewicht genau auswiegen:

1 g 2 g 5 g 10 g 20 g 50 g 100 g 200 g 500 g 1 kg

1

Was ist ungefähr wie schwer? Verbinde.

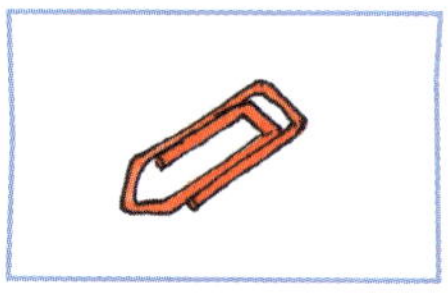

1 t 1 g 80 kg 5 kg 200 kg

2

Mit welchen Einzelgewichten kannst du die Gewichte aufwiegen?
Verwende möglichst wenige Gewichte.

Gewicht	500 g	200 g	100 g	50 g	20 g	10 g	5 g	2 g	1 g
361 g	–	1	1	1	–	1	–	–	1
816 g									
453 g									
648 g									
278 g									
999 g									

Gewichtsangaben umwandeln und vergleichen

→ Für **Gewichtsangaben** gibt es verschiedene Schreibweisen.

8 kg 735 g = 8,735 kg   3 t 398 kg = 3,398 t

Wenn du Gewichtsangaben miteinander vergleichen möchtest, wandelst du sie zuerst in die gleiche Einheit um.

1

Ergänze die fehlenden Angaben.

g	1 253 g				720 g
kg und g			1 kg 350 g	1 kg 80 g	
kg		1,001 kg			

2

Stimmt das? Kreuze die richtigen Aussagen an.

- ☐ 5 kg Äpfel sind schwerer als 500 g Trauben.
- ☐ 1 000 g Fisch sind leichter als 10 kg Fleisch.
- ☐ 20 g Zucker sind genauso schwer wie 0,200 kg Salz.
- ☐ 0,750 kg Honig sind schwerer als 750 g Marmelade.
- ☐ 850 g Mehl sind schwerer als 85 kg Getreide.

3

Wandle in kg um und ordne die umgewandelten Angaben der Größe nach.

6 kg 500 g = ________ kg   6 kg 65 g = ________ kg

650 g = ________ kg   60 kg 5 g = ________ kg

________ < ________ < ________ < ________

Mit Gewichtsangaben rechnen

→ Du kannst mit **Gewichtsangaben** genau wie mit Längen- oder Geldangaben **rechnen**. Dabei musst du darauf achten, dass die Angaben immer in der gleichen Maßeinheit stehen.

1 kg – 734 g = 1 000 g – 734 g = 266 g

1 Wie viel fehlt? Ergänze auf das angegebene Gewicht.

1 kg	
36 g	
467 g	
	3 g
	556 g
309 g	
	850 g

1 t	
815 kg	
	905 kg
431 kg	
	98 kg
610 kg	
	5 kg

2 Wandle in Kommaschreibweise um und rechne schriftlich.

8,500 kg + 3 kg 600 g

14 kg 250 g + 20 kg 300 g

5,125 kg + 800 g

8,600 kg – 2 kg 800 g

25 kg – 4,750 kg

36 kg 50 g – 14 kg 200 g

3 Leo, Kim und Lisa waren einkaufen. Wie schwer sind ihre Einkäufe?

Leo

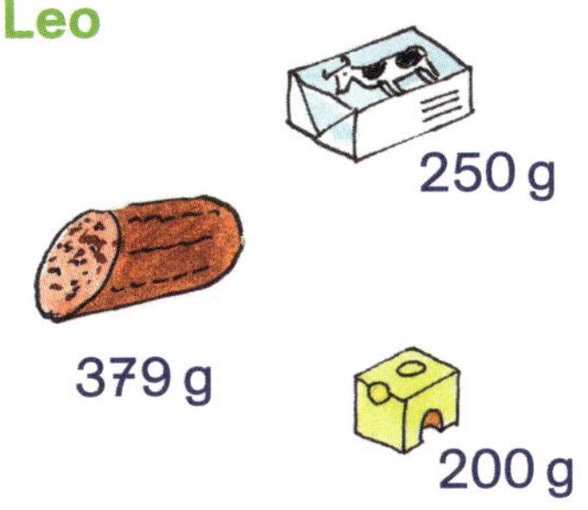

insgesamt: ________ g

Kim

insgesamt: ________ g

Lisa

insgesamt: ________ g

Rechnung:

4 Livia möchte eine Pizza backen. Für 4 Personen braucht sie 820 g Tomaten, 300 g Champignons, 130 g Salami, 250 g Käse, 60 g Oliven, 1 Paprika und 2 Teelöffel Oregano. Wie viel braucht sie für 8 und für 2 Personen?

Rechnung:

		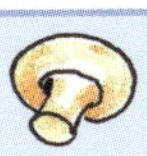	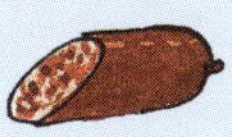				
8 Pers.							
2 Pers.							

Mit Tabellen arbeiten

→ **Tabellen** helfen dir, bei großen Datenmengen den Überblick zu behalten. Du kannst Informationen schnell daraus entnehmen. In einer Tabelle kannst du auch Zusammenhänge darstellen.

In eine Tüte passen 4 Orangen. Wie viele passen dann in 3 Tüten?

Anzahl der Tüten	1	3
Anzahl der Orangen	4	12

Du rechnest: 3 Tüten · 4 Orangen = 12 Orangen

1 In der Tabelle siehst du, wie viele Kinder sich zu welchen Ferienkursen angemeldet haben. Lies die Daten aus der Tabelle ab und kreuze die richtigen Aussagen an.

Kurs	Kochen für Kids	Selbstverteidigung	Instrumente basteln	Baumhaus bauen	Tanzen lernen
Jungen	15	18	13	19	7
Mädchen	24	17	9	7	18

- ☐ Bei „Baumhaus bauen“ machen die meisten Jungen mit.
- ☐ „Tanzen lernen“ und „Instrumente basteln“ haben gleich viele Teilnehmer.
- ☐ Insgesamt haben sich mehr Jungen als Mädchen angemeldet.
- ☐ „Kochen für Kids“ hat die meisten Teilnehmer.

2 In einer Schachtel sind 16 Pralinen. Wie viele Pralinen sind in 2, 3, 5, 10 und 15 Schachteln? Ergänze die Tabelle.

Schachteln	1	2	3	5	10	15
Pralinen	16					

Mit Diagrammen arbeiten

→ In **Diagrammen** können Daten und Informationen anschaulich dargestellt werden.
Es gibt verschiedene Diagramme:

Säulendiagramm

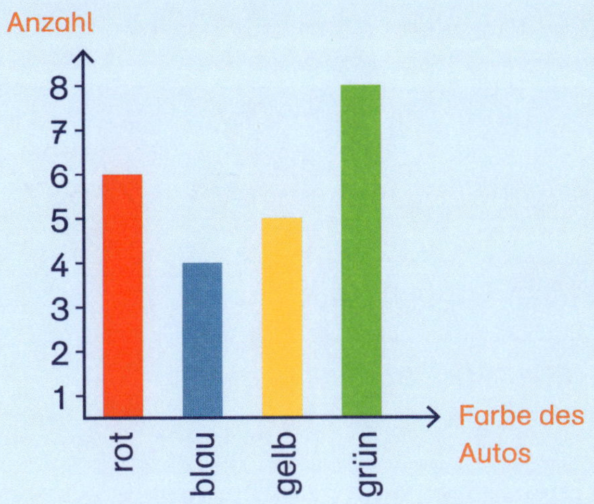

Balkendiagramm

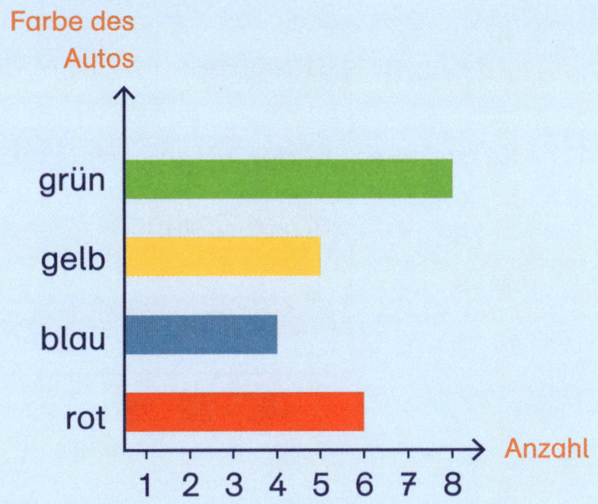

1 Das Säulendiagramm zeigt die ungefähre Größe verschiedener Tiere in Zentimeter. Sieh es dir genau an und beantworte die Fragen.

Welches Tier ist das größte?

____

Welches Tier ist das kleinste?

____

Welche Tiere sind gleich groß?

____

____

Welches Tier ist etwa 150 cm kleiner als der Elefant?

____

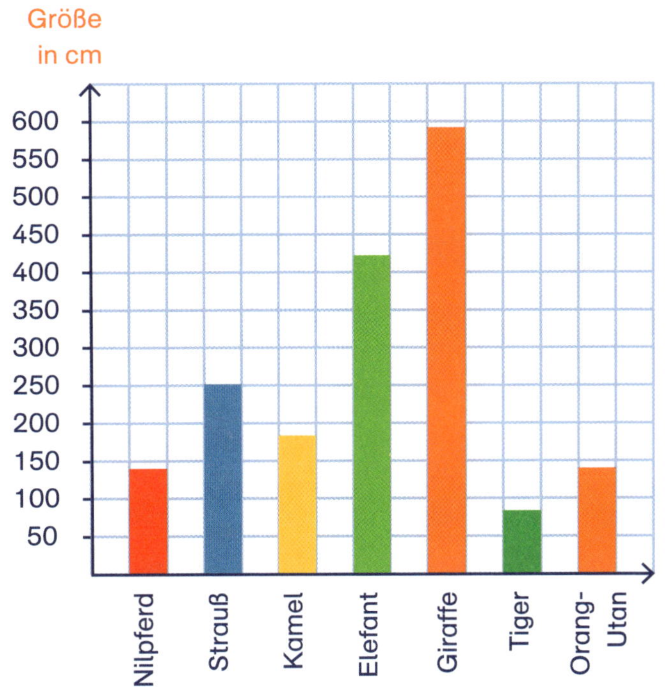

Mit Diagrammen arbeiten

2 Wie viele Tiere hat der Bauer? Übertrage die Daten in die Tabelle.

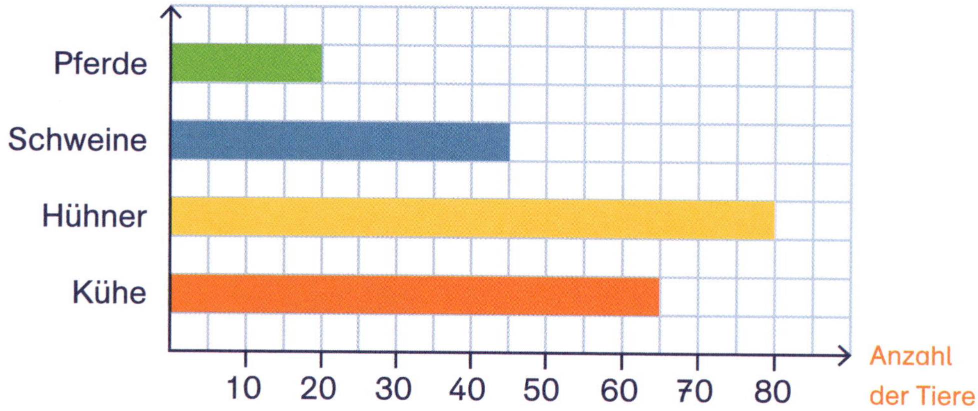

Tierart	Pferde	Schweine	Hühner	Kühe
Anzahl der Tiere				

3 Übertrage die Daten in das Balkendiagramm. Wer ist Torschützenkönig?

Spieler	Flo	Lars	Sören	Conni	Hakan
Anzahl der Tore	10	12	8	15	13

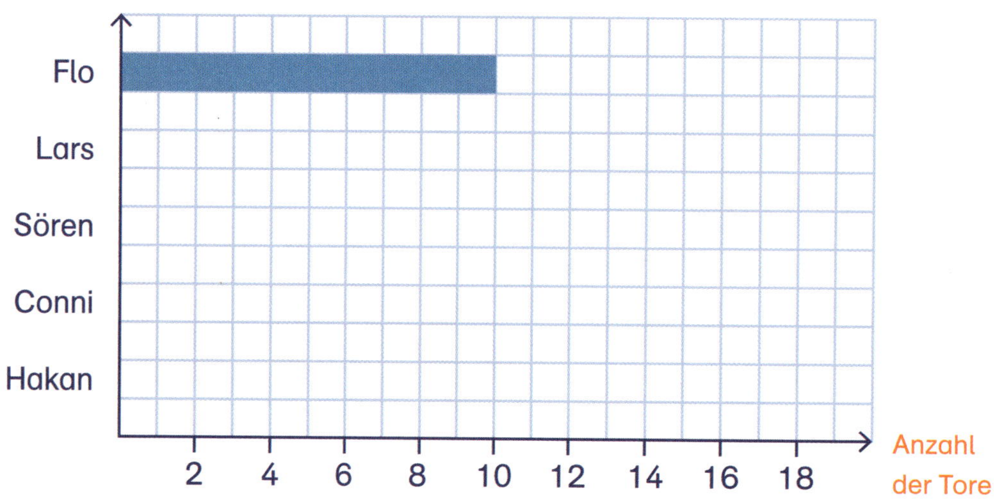

Antwort: Torschützenkönig ist ____________________.

Textaufgaben geschickt lösen

→ Bei **Textaufgaben** gehst du am besten so vor:

1. Lies dir den Aufgabentext genau durch.
2. Überlege, welche Informationen für deine Rechnung wichtig sind.
3. Wenn keine Frage vorgegeben ist, formuliere einen Fragesatz.
4. Manchmal ist es hilfreich, eine Skizze oder eine Tabelle zu erstellen, um schneller auf die Lösung zu kommen.
5. Überlege genau, wie du am besten rechnest. Rechne Schritt für Schritt.
6. Überprüfe, ob das Ergebnis Sinn macht, und rechne die Umkehraufgabe.
7. Schreibe den Antwortsatz auf.

Achte bei Aufgaben mit Größen genau auf die Einheiten.

1 Finde die passende Frage und beantworte sie.

Antje sammelt Postkarten aus aller Welt. Sie hat schon 216 verschiedene Karten aus 12 verschiedenen Ländern zugeschickt bekommen. Alle Karten klebt sie in ihr Album. Insgesamt passen 300 Karten in ihr Album.

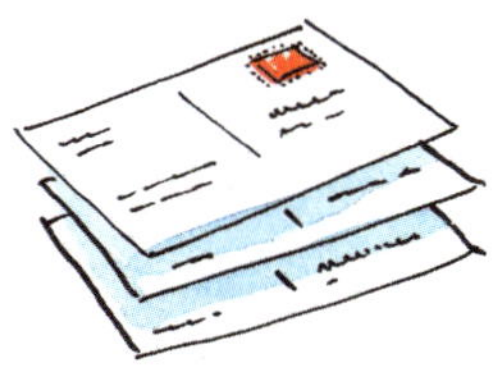

Frage: ____?

Rechnung:

Antwort: ____.

Textaufgaben geschickt lösen

2 Frau Michelsen will zwei Fenstervorhänge nähen. Sie hat dafür 8 m Stoff gekauft. Jeder Vorhang soll 3,60 m lang sein. Damit die Vorhänge nicht ausfransen, muss sie den Stoff umnähen. Deshalb braucht sie oben und unten 4 cm Stoff mehr. Wie viel Meter Stoff bleiben übrig?

Skizze:

Rechnung:

Antwort: ____.

3 Eine Schnecke kriecht in einer Minute etwa 6 cm weit. Wie weit kommt sie, wenn sie $\frac{1}{4}$ h ununterbrochen durchkriecht?

Rechnung:

Antwort: ____.

Und wie lange braucht sie für eine Strecke von 50 cm? Trage die Zeiten zunächst in Sekunden in die Tabelle ein und gib dann das Ergebnis in Minuten an.

Strecke	1 cm	6 cm	10 cm	50 cm
Zeit in s				

Antwort: ____.

→ **Pläne** helfen dir bei der **Orientierung**. Mit Stadt- oder Lageplänen kannst du zum Beispiel herausfinden, wie du zu einem bestimmten Ort gelangst.

1 Schau dir den Plan vom Tierpark genau an. Beantworte die Fragen.

1	Eingang
2	Aquarium
3	Vogelhaus
4	Elefanten
5	Streichelzoo
6	Giraffen
7	Löwen
8	Restaurant
9	Affenhaus
10	Kamele
I	Isa
J	Jule
L	Luis

1. Du stehst am Eingang des Tierparks und möchtest zu den Kamelen gehen. Wie oft musst du abbiegen? ______________.
2. Jule will von den Affen aus schnellstmöglich zum Streichelzoo. An diesen Tieren kommt sie vorbei: ______________________________.
3. Luis will vom Vogelhaus erst zu den Elefanten, dann zu den Giraffen, als drittes zu den Löwen und zum Schluss zu den Kamelen. Zeichne den Weg in die Karte ein.
4. Isa ist am Restaurant. Von dort aus geht sie nach rechts und biegt dann dreimal rechts ab. Kreise ihr Ziel ein.

Flächen und rechte Winkel erkennen

→ **Flächen** nennt man auch **ebene Figuren**. Die Anzahl der Ecken gibt den Flächen ihren Namen.

Dreieck **Vier**eck **Fünf**eck **Sechs**eck

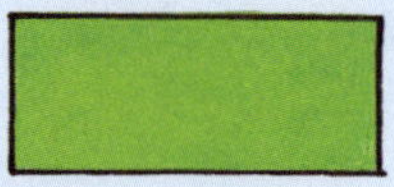

Beim **Rechteck** sind die gegenüberliegenden Seiten gleich lang.

Das **Quadrat** ist ein besonderes Rechteck. Es hat vier gleich lange Seiten.

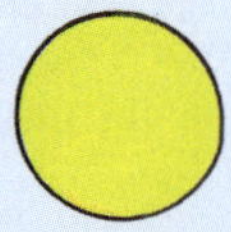

Der **Kreis** ist die einzige Fläche ohne Ecken.

Wenn zwei Linien **senkrecht** aufeinander stehen, bilden sie einen **rechten Winkel**.

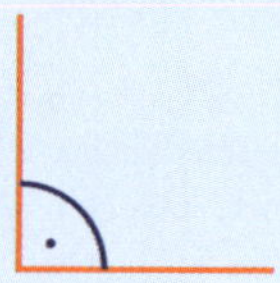

1 Wie viele Quadrate, Rechtecke, Dreiecke und Kreise zählst du?

Quadrate: ☐ Rechtecke: ☐ Dreiecke: ☐ Kreise: ☐

2 Welche Flächen haben rechte Winkel? Zeichne alle rechten Winkel ein.

Flächen auslegen und Muster ergänzen

→ Wenn du zwei **Flächen** miteinander **vergleichen** möchtest, kannst du sie mit Quadraten auslegen und dann die Anzahl der Quadrate miteinander vergleichen.

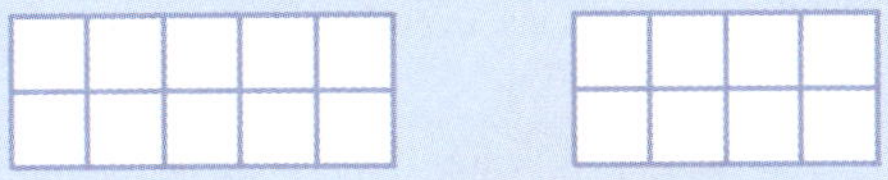

10 Kästchen > 8 Kästchen

Du kannst eine Fläche mit anderen ebenen Figuren vollständig auslegen und so verschiedene **Muster** legen. Das nennt man **Parkettierung**.

1 Zähle die Kästchen. Male die größte Fläche blau und die kleinste rot aus. Zwei Flächen sind gleich groß. Male sie beide gelb an.

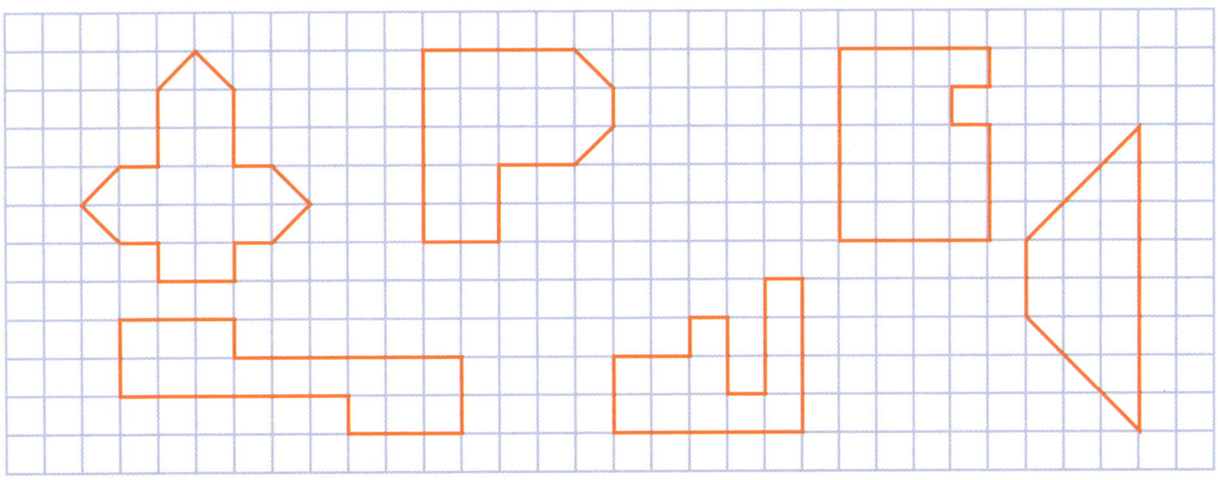

2 Lege die Flächen so weit wie möglich aus.

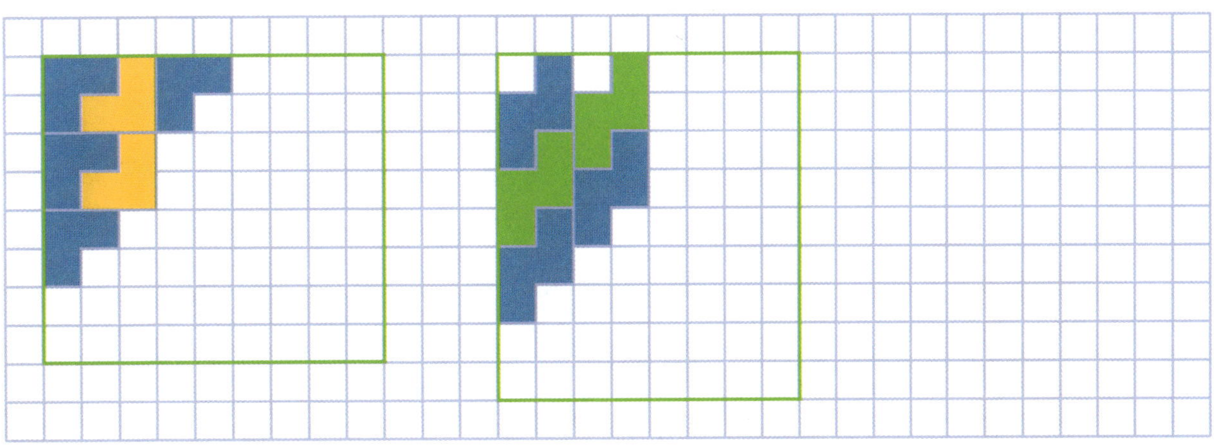

Körperformen untersuchen

→ Es gibt verschiedene **Körperformen**:

Würfel Quader Kugel Pyramide Zylinder Kegel

1 Schau dir die Körper oben genau an. Beantworte die Fragen.

Welcher Körper hat 6 gleich große Flächen? ______________

Welcher Körper hat 2 runde Flächen? ______________

5 Flächen und 5 Ecken, was ist das? ______________

Was hat 1 runde Fläche und 1 Ecke? ______________

Welcher Körper hat keine Ecken und Kanten? ______________

2 Finde die Gegenstände, die die Form eines geometrischen Körpers haben. Kreise sie ein.

→ Wenn du einen geometrischen Körper auseinanderklappst, erhältst du ein **Körpernetz**. Du siehst dem Netz an, zu welchem Körper du es falten kannst.

Würfelnetz und Würfel

Quadernetz und Quader

1 Welches Netz ergibt zusammengesetzt den vorgegebenen Quader? Kreuze es an.

2 Welches Netz kannst du nicht zu einem Würfel zusammensetzen? Überprüfe deine Antwort, indem du die Netze abzeichnest, ausschneidest und zusammenbaust.

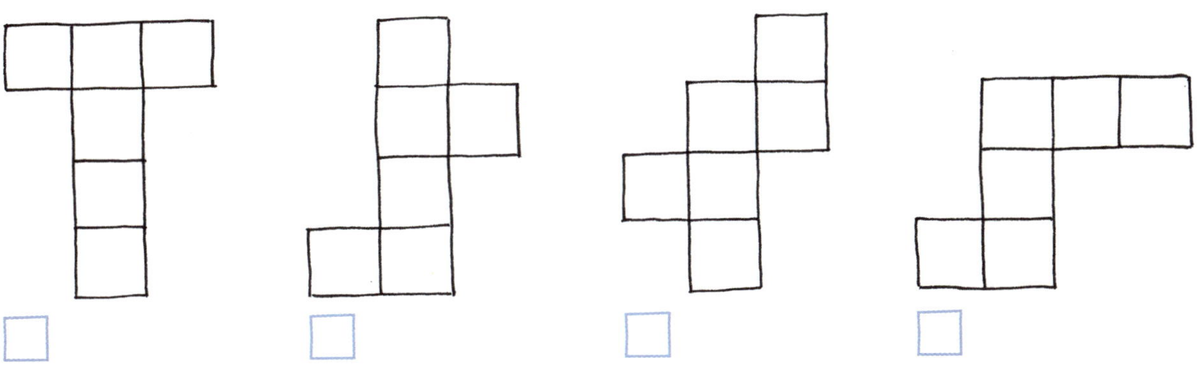

Symmetrische Eigenschaften

→ Manche **Figuren** kannst du so falten, dass beide Hälften ganz genau aufeinanderliegen. Diese Figuren sind **achsensymmetrisch**. Die Faltlinie wird **Symmetrieachse** oder **Spiegelachse** genannt. Eine Figur kann auch mehrere Symmetrieachsen haben.

1 Zeichne alle Spiegelachsen ein.

2 Vervollständige die Figuren so, dass sie achsensymmetrisch sind.

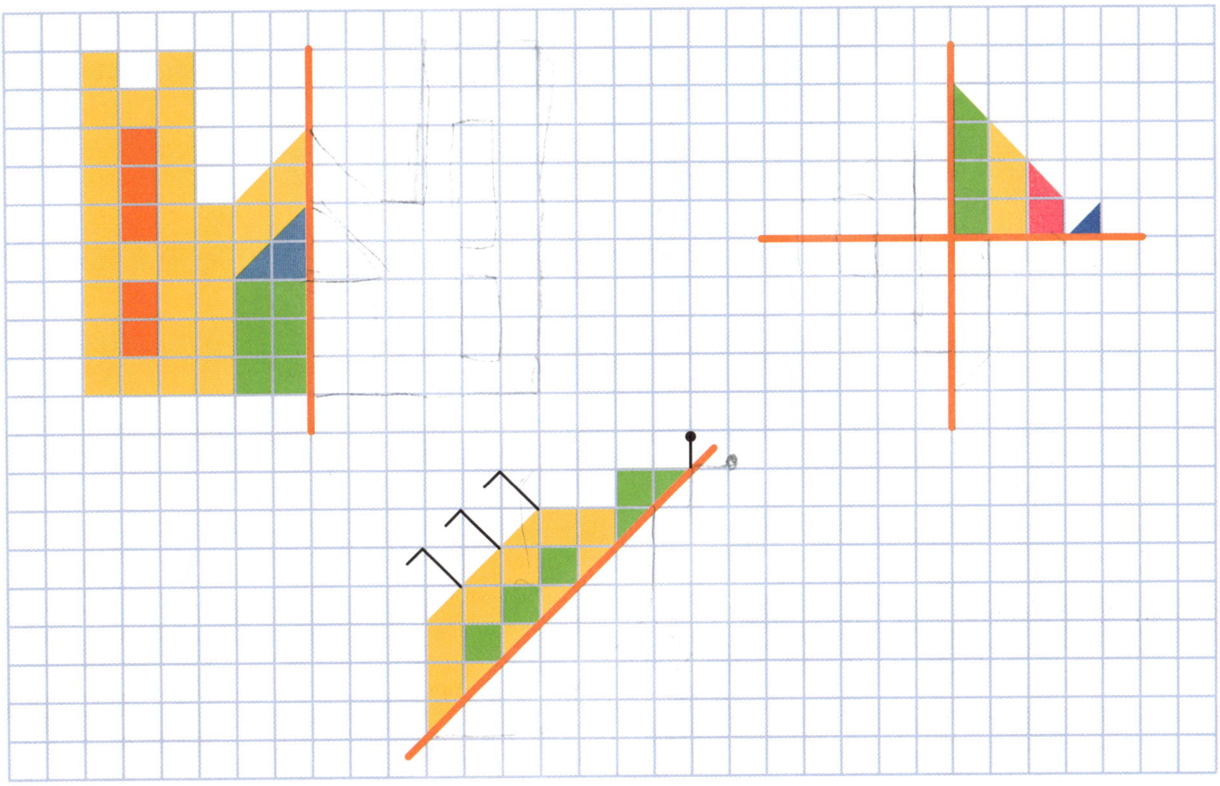

3 Welche Figuren sind nicht achsensymmetrisch? Kreuze sie an.

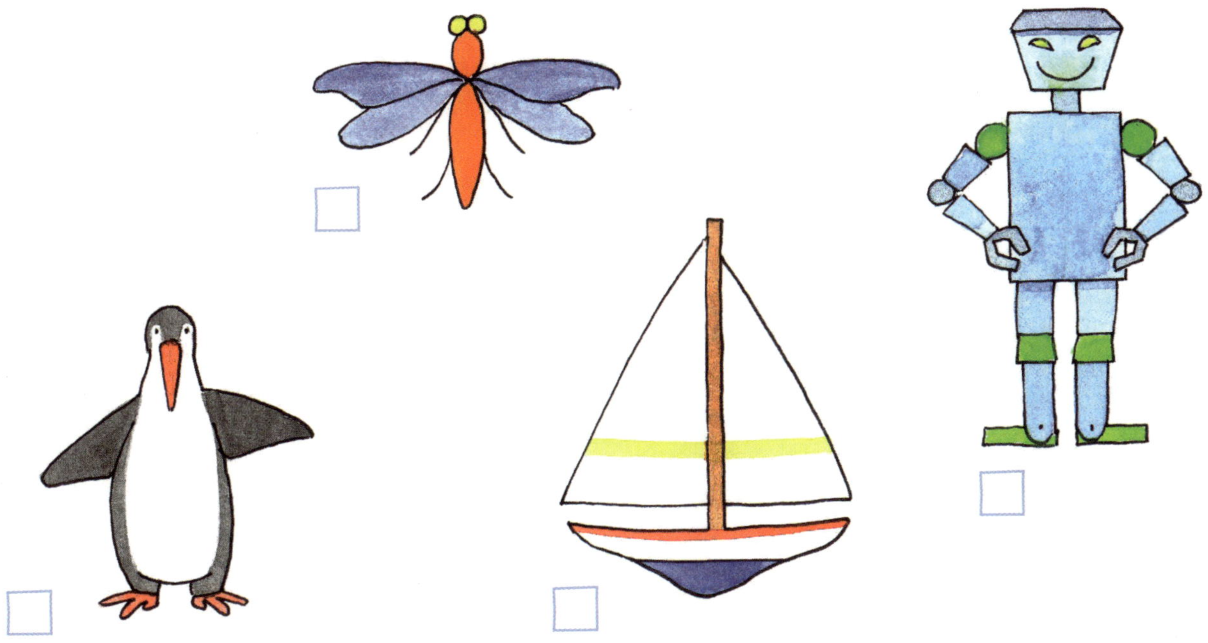

Würfelbaupläne erstellen

→ Mit gleich großen Würfeln kannst du **Würfelbauten** erstellen.
In einem **Bauplan** kannst du angeben, wie viele Würfel wo stehen.

4	3	2
2	3	2
2	2	1

1 Welcher Würfelbau passt zu welchem Bauplan? Male ihn in der gleichen Farbe an.

4	2	3
4	2	2
3	2	2

4	3	3	4
3	2	2	3
2	1	1	2

4	3	3
3	2	2
2	2	2

3	4	3
2	3	2
2	2	1
1	1	1

2 Erstelle die Baupläne.

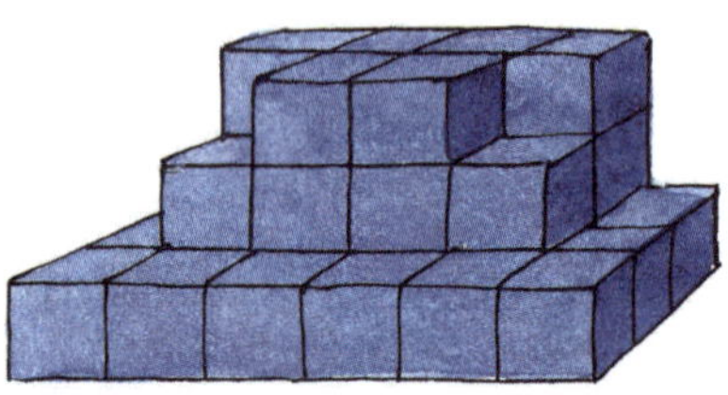

1					

Hinweis: Bei manchen Aufgaben gibt es verschiedene Lösungswege. Wenn du anders gerechnet hast, muss die Lösung aber trotzdem die gleiche sein wie hier angegeben.

Seite 4

1

T	H	Z	E
0	6	5	8

T	H	Z	E
0	2	0	4

T	H	Z	E
1	0	0	0

2 0 T 6 H 3 Z 0 E = 600 + 30 = 630
0 T 1 H 4 Z 5 E = 100 + 40 + 5 = 145
0 T 7 H 0 Z 2 E = 700 + 2 = 702

Seite 5

1

Vorgänger	641	770	190	293	799
Zahl	642	771	191	294	800
Nachfolger	643	772	192	295	801

2

NZ	850	420	600
Zahl	857	428	609
NZ	860	430	610

NH	200	500	300
Zahl	274	596	315
NH	300	600	400

3 Diese Zeichen setzt du ein: **<, >, =**.

Seite 6

1 Diese Zahlen setzt du ein: 360, 510, 650, 790.

2

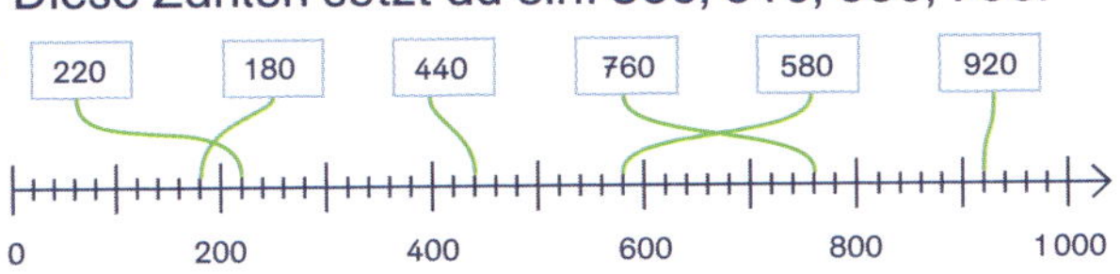

3

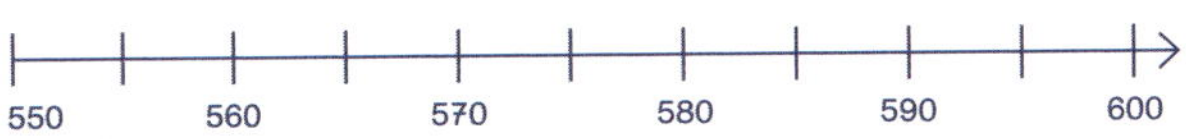

Seite 7

1 0, 20, 40, 60, 80, 100, 120

2

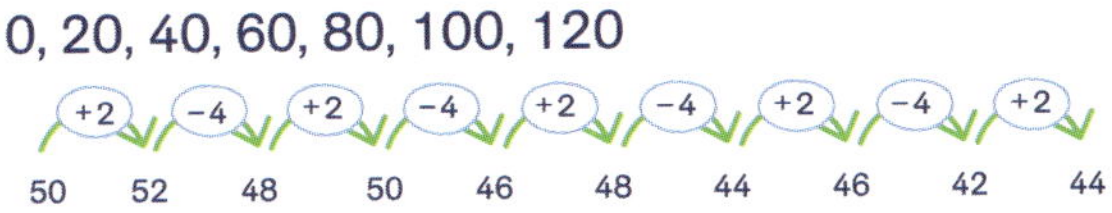

3 Zur übernächsten Zahl werden immer 10 hinzugezählt (45 + 10 = 55 und 109 + 10 = 119). Statt der 85 müsste also die 75 stehen.

4 2, 4, 8, 16, 32

Seite 8

1

genaue Zahl	381	555	69	242	834	108	299
auf den Zehner	380	560	70	240	830	110	300
auf den Hunderter	400	600	100	200	800	100	300

2 So kreuzt du an: ≈ 430, ≈ 1 000, ≈ 770.

3 455, 456, 457, 458, 459, 461, 462, 463, 464

Seite 9

1

	auf den Zehner	auf den Hunderter
426 + 293 ≈	430 + 290 = 720	400 + 300 = 700
165 + 374 ≈	170 + 370 = 540	200 + 400 = 600
682 + 106 ≈	680 + 110 = 790	700 + 100 = 800
944 − 511 ≈	940 − 510 = 430	900 − 500 = 400
747 − 125 ≈	750 − 130 = 620	700 − 100 = 600
413 − 86 ≈	410 − 90 = 320	400 − 100 = 300

2 R: 200 + 200 + 400 = 800
A: Marlene hat ungefähr **800** Seiten gelesen.

3 So kreuzt du an: 458 + 218 = 676.

Seite 10

1

3	9	2	+	2	4	8	=			
3	9	2	+	2	0	0	=	5	9	2
5	9	2	+		4	0	=	6	3	2
6	3	2	+			8	=	6	4	0
3	9	2	+	2	4	8	=	6	4	0

467 + 195 = 662
159 + 686 = 845
538 + 374 = 912
432 + 381 = 813

Seite 11

1

3	8	1	+	4	7	0	=			
3	8	1	+	5	0	0	=	8	8	1
8	8	1	−		3	0	=	8	5	1
3	8	1	+	4	7	0	=	8	5	1

536 + 195 = 731

2 R: 256 + 293 = 549
A: Zusammen haben sie **549** Muscheln.

3 659 + 199 = 858

Seite 12

1

8	9	5	−	1	3	8	=			
8	9	5	−	1	0	0	=	7	9	5
7	9	5	−		3	0	=	7	6	5
7	6	5	−			8	=	7	5	7
8	9	5	−	1	3	8	=	7	5	7

526 − 494 = 32
714 − 379 = 335
482 − 293 =189
434 − 343 = 91

Seite 13

1

9	8	9	−	5	9	7	=			
9	8	9	−	6	0	0	=	3	8	9
3	8	9	+			3	=	3	9	2
9	8	9	−	5	9	7	=	3	9	2

732 − 470 = 262

2 R: 673 − 394 = 279
A: **279** Kinder sind Mädchen.

3

Seite 14

1

	3	1	7
+	2	7	1
	5	8	8

999, 669, 487, 758, 863

Lösungen

2

	3	3	8
+	2	1	1
	5	4	9

	5	5	5
+	3	2	1
	8	7	6

	1	0	9
+	7	9	0
	8	9	9

	6	7	1
+	1	1	4
	7	8	5

	4	0	0
+	2	3	5
	6	3	5

	4	0	1
+	1	2	6
	5	2	7

Seite 15

3 399, 666, 587, 747, 858

4 879, 745, 797

5 R: 213 + 241 + 224 = 678

A: Insgesamt sind **678** Kinder da.

Seite 16

1

	3	5	7
+	2	7	1
	1		
	6	2	8

542, 771, 550, 326, 835

2 **Mia** hat richtig gerechnet.

Seite 17

3 Ü: 1 000   Ü: 600   Ü: 900

946   682   872

4

	2	4	7
+	1	5	3
	1	1	
	4	0	0

	6	2	8
+		7	2
	1	1	
	7	0	0

	2	0	5
+	3	9	5
	1	1	
	6	0	0

	3	5	4
+	4	4	6
	1	1	
	8	0	0

	2	1	7
+	1	8	3
	1	1	
	4	0	0

	4	5	6
+	5	4	4
1	1	1	
1	0	0	0

5 Anne: 720 Punkte   Lasse: 722 Punkte

A: Die meisten Punkte hat **Lasse** erreicht.

Seite 18

1 443, 111, 402, 510

26, 333, 113, 262

304, 522, 436, 732

Seite 19

2

	8	7	5
−	4	3	2
	4	4	3

	9	6	3
−	7	5	3
	2	1	0

	6	1	9
−	3	0	8
	3	1	1

	5	9	7
−	4	5	4
	1	4	3

	3	4	5
−	3	2	4
		2	1

	7	7	7
−	2	4	7
	5	3	0

3

	4	8	7
−	3	6	5
	1	2	2

	9	8	8
−	5	6	7
	4	2	1

	4	2	3
−	3	2	2
	1	0	1

	8	5	5
−	2	4	4
	6	1	1

4 238 > 216   543 > 511

Seite 20

1

	3	13	
	~~4~~	3	8
−	2	7	6
	1	6	2

oder

	4	3	8
−	2	7	6
	1		
	1	6	2

126, 279, 364

Seite 21

2 Ü: 430   Ü: 150   Ü: 320

435   149   327

3

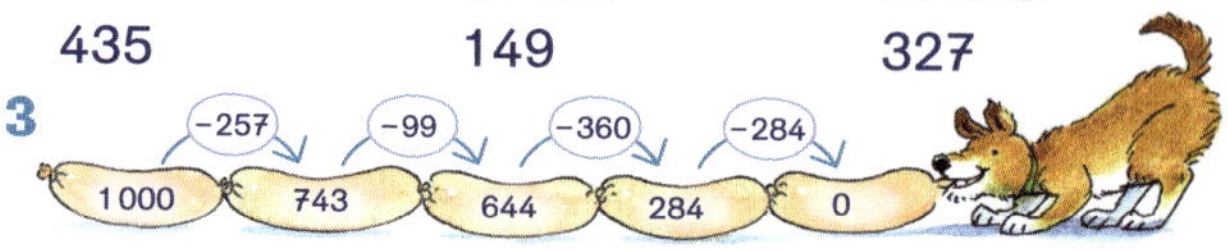

4 838 − 588 = 250   250 : 2 = **125**

Seite 22

1 5 · 4 = 20   6 · 7 = 42   5 · 6 = 30

7 · 8 = 56   3 · 3 = 9   9 · 8 = 72

2 62 : 8 = 7 R 6   34 : 5 = 6 R 4   64 : 7 = 9 R 1

57 : 3 = 19   57 : 4 = 14 R 1   18 : 6 = 3

56 : 7 = 8   56 : 6 = 9 R 2   64 : 8 = 8

89 : 9 = 9 R 8   63 : 9 = 7   100 : 10 = 10

3 R: 46 : 3 = 15 R 1

A: Es werden **16** Autos benötigt.

Seite 23

1 6 · 50 = 300   4 · 80 = 320   5 · 20 = 100

6 · 5 = 30   4 · 8 = 32   5 · 2 = 10

2 3 · 60 = 180   5 · 200 = 1 000

3 · 6 Z = 18 Z = 180   5 · 2 H = 10 H = 1 000

3

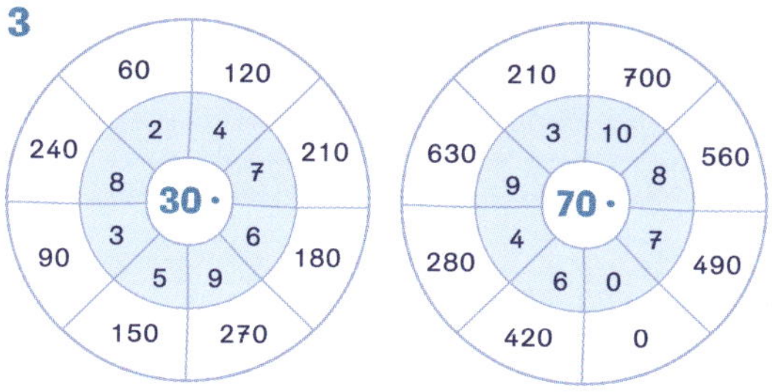

Seite 24

1

4	8	·	7	=			
4	0	·	7	=	2	8	0
	8	·	7	=		5	6
4	8	·	7	=	3	3	6

306, 980

2 98 + 89 = 187   187 · 5 = **935**

Seite 25

3 54 · 3 = 150 + 12 = 162

35 · 7 = 210 + 35 = 245

99 · 4 = 360 + 36 = 396

27 · 8 = 160 + 56 = 216

74 · 5 = 350 + 20 = 370

62 · 8 = 480 + 16 = 496

46 · 9 = 360 + 54 = 414

105 · 2 = 200 + 10 = 210

4 144 > 137   365 < 368

5 R: 16 · 8 = 80 + 48 = 128   128 + 6 = 134

A: Sie hat **134** Zeitungen im Laden verteilt.

Seite 26

1 60 : 6 = 10 90 : 3 = 30 100 : 10 = 10
600 : 60 = 10 900 : 30 = 30 1 000 : 100 = 10

2 420 : 7 = 60 810 : 9 = 90 240 : 30 = 8
720 : 80 = 9 360 : 4 = 90 640 : 8 = 80
50 : 5 = 10 360 : 60 = 6 450 : 90 = 5

3
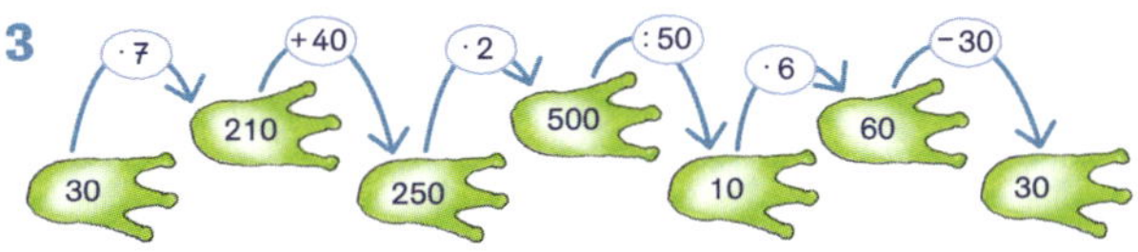

Seite 27

1

8	4	:	6	=		
6	0	:	6	=	1	0
2	4	:	6	=		4
8	4	:	6	=	1	4

17, 25, 213, 42

2 384 : 6 → 64 · 6
192 : 8 → 24 · 8
444 : 6 → 74 · 6

Seite 28

1

9	9	:	8	=				
8	0	:	8	=	1	0		
1	9	:	8	=		2	R	3
9	9	:	8	=	1	2	R	3

13 R 2, 52 R 1, 72 R 5

2 64 · 6 = 384 384 + 3 = 387
92 · 7 = 644 644 + 6 = 650

Seite 29

3 231 : 7 = 33 175 : 3 = 58 R 1 567 : 6 = 94 R 3

4 R: 108 : 8 = 13 R 4
A: Er muss **14**-mal fahren.

5 8 · 6 = 48 48 + 59 = 107
107 − 3 = 104 104 : 8 = **13**

Seite 30

1 1 Sekunde 20 Sekunden
24 Stunden 3 Monate
5 Tage 90 Minuten
30 Tage 15 Minuten

2 16. Mai, 21. Mai, 2. Juni, 26. Mai

Seite 31

1 360 s 5 min 46 s 3 h 35 min
30 s 2 min 18 s 6 h 52 min
900 s 4 min 14 s 2 h 24 min

2 So ist es richtig: >, >, =
<, >, >
>, =, <

3 Marika: 73 s, Finn: 88 s, Fabian: 74 s, Anne: 79 s
Am schnellsten war **Marika**. Am langsamsten war **Finn**.

4 Lösungswort: WELTRAUM

Seite 32

1
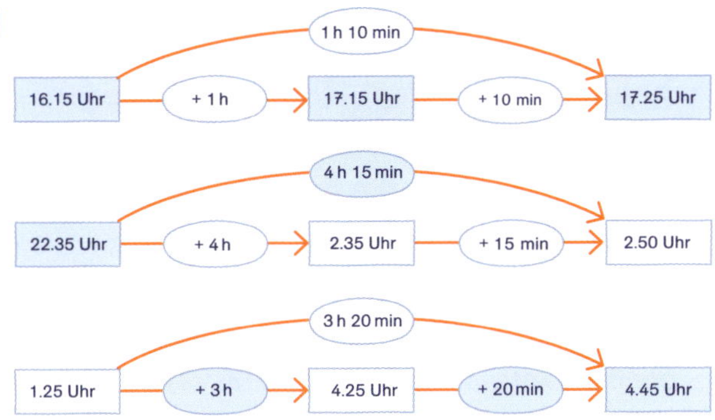

Seite 33

2

Strecke	München–Paris	Hamburg–Athen	Frankfurt–Zürich	Hamburg–Rom	Frankfurt–Lissabon
Start	15.25 Uhr	8.45 Uhr	19.40 Uhr	4.10 Uhr	19.35 Uhr
Landung	16.50 Uhr	13.55 Uhr	20.30 Uhr	7.40 Uhr	22.20 Uhr
Dauer	1 h 25 min	5 h 10 min	50 min	3 h 30 min	2 h 45 min

3 R: 14.30 Uhr − 28 min = 14.02 Uhr
A: Sie muss spätestens die S **3** nehmen.

4 R: + 38 min + 8 min + 5 min
6.54 Uhr → 7.32 Uhr → 7.40 Uhr → 7.45 Uhr
A: Er muss noch **5 min** warten.

Seite 34

1 426,35 €, 800,95 €, 70,32 €, 300,94 €.

2 Taschenbuch: 9,90 €, Fernseher: 499,00 €,
Eis: 0,80 €, Schuhe: 29,99 €, Geodreieck: 1,49 €

Seite 35

1 423,60 € 7,55 € 60,08 €
74,04 € 8,05 € 0,37 €
50,50 € 5,40 € 10,00 €

2 7,67 € = 7 € 67 ct = 767 ct
5,60 € = 5 € 60 ct = 560 ct
9,99 € = 9 € 99 ct = 999 ct
8,00 € = 8 € = 800 ct
4,05 € = 4 € 5 ct = 405 ct
10,01 € = 10 € 1 ct = 1001 ct

3 Nur beim zweiten Preis reicht das Geld.

4 2 € 1 ct < 210 ct < 212 ct < 12 € 12 ct
< 20,01 € < 20 € 10 ct

Seite 36

1

	4	8,	5	7	€
+		3,	2	4	€
	1		1		
	5	1,	8	1	€

178,31 €, 777,64 €,
53,06 €, 256,54 €, 451,72 €

Seite 37

2

1	5,	1	0	€	·	8	=							
1	5	€			·	8	=	1	2	0	€			
1	0	ct			·	8	=		8	0	ct			
1	2	0	€	+	8	0	ct	=	1	2	0,	8	0	€

Lösungen

5	6	7	ct	:	9	=		
5	4	0	ct	:	9	=	6	0 ct
	2	7	ct	:	9	=		3 ct
6	0	ct	+	3	ct	=	6	3 ct

3 R: 24,16 € + 19,37 € + 30,00 € = 73,53 €
A: Sie haben jetzt **73,53 €**.
R: 73,53 € – 64,89 € = 8,64 €
A: Es bleiben **8,64 €** übrig.

Seite 38

1 Diese Längenangaben kreuzt du an: etwa 40 cm, etwa 6 mm, bis zu 300 cm, 30 bis 50 m.
2 3,8 cm, 6,4 cm, 7 cm
3 Miss genau nach, ob alle Längen stimmen.

Seite 39

1 9,50 m 25,5 cm 8,24 m
9,6 cm 80,3 cm 7,04 m

2

m	cm
4,65 m	465 cm
2,03 m	203 cm
6,98 m	698 cm
8,88 m	888 cm
0,46 m	46 cm
8 m	800 cm

cm	mm
4,1 cm	41 mm
9,9 cm	99 mm
78,8 cm	788 mm
11,7 cm	117 mm
20,5 cm	205 mm
0,7 cm	7 mm

3 So ist es richtig: <, >, =
=, >, <
>, <, >
4 28 mm < 8,2 cm < 820 mm < 802 cm < 80,2 m

Seite 40

1 27 cm + 73 cm = 1 m 437 m + 563 m = 1 km
56 cm + 44 cm = 1 m 289 m + 711 m = 1 km
18 cm + 32 cm = 0,5 m 46 cm + 4 cm = 0,5 m

2

	1	6,	2	5	m
+		4,	1	6	m
	1		1		
	2	0,	4	1	m

474,20 m, 71,44 m, 59,74 m

Seite 41

3

9	1	cm	·	3	=					
9	0	cm	·	3	=	2	7	0	cm	
	1	cm	·	3	=			3	cm	
2	7	0	cm	+	3	cm	=	2	7	3 cm

9	2	0	cm	:	4	=					
8	0	0	cm	:	4	=	2	0	0	cm	
1	2	0	cm	:	4	=		3	0	cm	
2	0	0	cm	+	3	0	cm	=	2	3	0 cm

4 R: 900 cm : 4 = 225 cm = 2,25 m
A: Die Stücke sind **2,25 m** lang.
5 R: Justus: 4,3 km + 14,9 km + 6,2 km = 25,4 km
Milan: 3,2 km + 8,3 km + 13,5 km = 25,0 km
A: **Justus** ist weiter gefahren.

Seite 42

1 Büroklammer: 1 g, Auto: 1 t, Motorrad: 200 kg, Bernhardiner: 80 kg, Katze: 5 kg

2

Gewicht	500 g	200 g	100 g	50 g	20 g	10 g	5 g	2 g	1 g
361 g	–	1	1	1	–	1	–	–	1
816 g	1	1	1	–	–	1	1	–	1
453 g	–	2	–	1	–	–	–	1	1
648 g	1	–	1	–	2	–	1	1	1
278 g	–	1	–	1	1	–	1	1	1
999 g	1	2	–	1	2	–	1	2	–

Seite 43

1

g	1253 g	1001 g	1350 g	1080 g	720 g
kg und g	1 kg 253 g	1 kg 1 g	1 kg 350 g	1 kg 80 g	0 kg 720 g
kg	1,253 kg	1,001 kg	1,350 kg	1,080 kg	0,720 kg

2 Die ersten beiden Aussagen stimmen.
3 6 kg 500 g = 6,500 kg 6 kg 65 g = 6,065 kg
650 g = 0,650 kg 60 kg 5 g = 60,005 kg
0,650 kg < 6,065 kg < 6,500 kg < 60,005 kg

Seite 44

1

1 kg		1 t	
36 g	964 g	815 kg	185 kg
467 g	533 g	95 kg	905 kg
997 g	3 g	431 kg	569 kg
444 g	556 g	902 kg	98 kg
309 g	691 g	610 kg	390 kg
150 g	850 g	995 kg	5 kg

2

	8,	5	0	0	kg
+	3,	6	0	0	kg
	1				
1	2,	1	0	0	kg

34,550 kg, 5,925 kg, 5,800 kg, 20,250 kg, 21,850 kg

Seite 45

3 Leo: 829 g Kim: 840 g Lisa: 969 g

4

8 Pers.	1640 g	600 g	260 g	500 g	120 g	2	4
2 Pers.	410 g	150 g	65 g	125 g	30 g	$\frac{1}{2}$	1

Seite 46

1 Die erste und die letzte Aussage stimmen.

2

Schachteln	1	2	3	5	10	15
Pralinen	16	32	48	80	160	240

Seite 47

1 Giraffe, Tiger, Nilpferd und Orang-Utan, Strauß

Seite 48

2

Tierart	Pferde	Schweine	Hühner	Kühe
Anzahl der Tiere	20	45	80	65

3

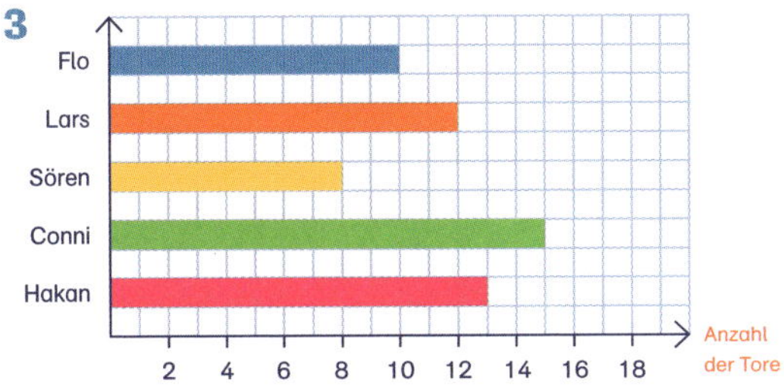

A: Torschützenkönig ist **Conni**.

Seite 49

1 F: Wie viele Karten passen noch in das Album?
R: 300 – 216 = 84
A: Es passen noch **84** Karten in das Album.

Seite 50

2 R: 3,60 m + 0,04 m + 0,04 m = 3,68 m
3,68 m + 3,68 m = 7,36 m
8 m – 7,36 m = 0,64 m
A: Es bleiben **0,64 m** Stoff übrig.

3 R: 6 cm · 15 = 90 cm
A: Sie kommt 90 cm weit.

Strecke	1 cm	6 cm	10 cm	50 cm
Zeit in s	10 s	60 s	100 s	500 s

500 s = 8 min 20 s
A: Sie braucht **8 min 20 s**.

Seite 51

1 3-mal Kamele, Löwen, Giraffen

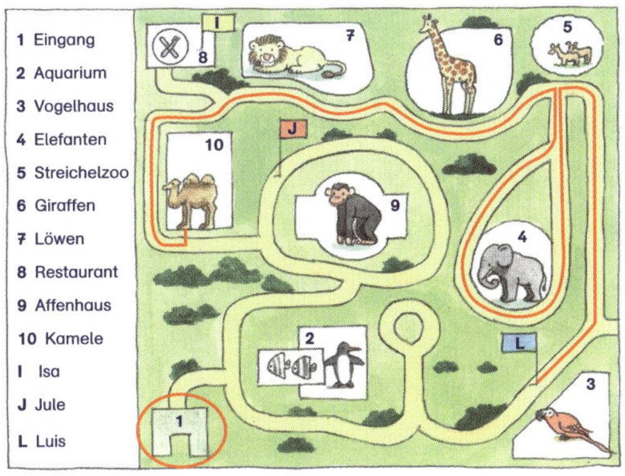

Seite 52

1 Quadrate: 1, Rechtecke: 5, Dreiecke: 5, Kreise: 5

2

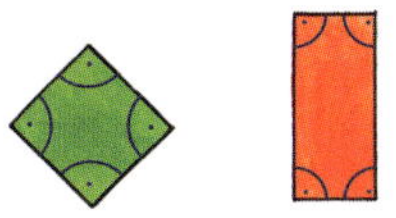

Seite 53

1

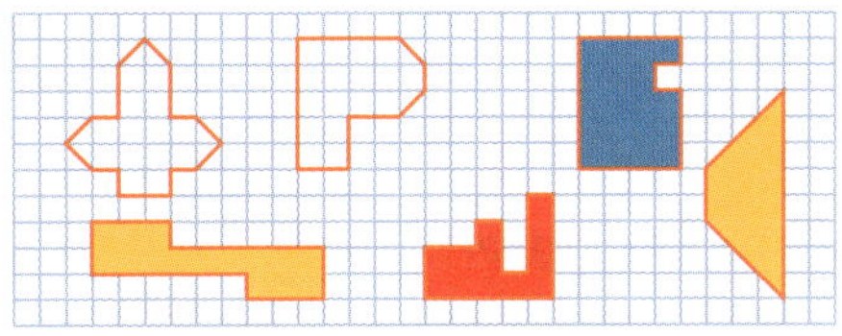

2

Seite 54

1 Würfel, Zylinder, Pyramide, Kegel, Kugel

2

Seite 55

1 das zweite Quadernetz
2 das vierte Würfelnetz

Seite 56

1

Seite 57

2

3 Pinguin und Segelschiff

Seite 58

1 So malst du die Baupläne aus: orange, gelb, grün, blau.

2

1	3	3	3	3	1
1	2	3	3	2	1
1	1	1	1	1	1

4	3	3	3
3	3	3	2
2	2	0	1

2	2	3	4
0	0	2	3

Deine Ausmalseite

Für jede Seite, die du im Heft bearbeitet hast, kannst du hier ein Feld ausmalen!
Wenn dein Bild fertig ist, weißt du alles, was du in der 3. Klasse wissen musst!

Viel Spaß beim Ausmalen!

- 4–11
- 12–18
- 19–29
- 30–38
- 39–42
- 43
- 44–48
- 49–52
- 53–58